発刊にあたって

　日本食品衛生協会として、これまで食品衛生関連の書籍を多数出版してきましたが、それらは食品衛生一般であったり、食中毒全般の防止のための書籍であったり、あるいはサルモネラ、カンピロバクター、腸管出血性大腸菌、ノロウイルス等の病原体に着目した食中毒防止対策であったり、はたまたアレルギー物質の表示やHACCP制度の導入ガイドラインといったものを中心に作成してきました。

　しかし、ここ最近は、食肉に特化したテキストはないのでしょうか？という質問・要望を受けることが多くなってきました。たしかにユッケなどの生食を原因とした腸管出血性大腸菌食中毒の発生は、死者5名を出した事件で、大きな社会問題にまでなりました。これまでどちらかというと、食肉の衛生問題は、飲食店の川上にあたる食肉の処理工程（と畜場や食肉処理業）に焦点が当てられたり、食肉製品の製造工程に特化したものが、業界団体等により多く出版されていました。不思議と食材としての食肉を扱う多くの飲食店向けの適当な入門書がない、という状況だったといえます。

　そこでこのたび当協会として、食材の中で「食肉（家きん肉、野生鳥獣肉を含む）」というものに焦点を当て、「食肉」を食材として使用、調理、提供等を行うレストラン、飲食店、焼肉店、ホテル、旅館、給食、仕出し営業等に従事する方々を対象とした初めての食品衛生、ひいては食品安全にかかわる重要な知識や要点について書籍化しました。

　また、最近注目を浴びてくるようになりました猪、鹿など野生鳥獣の肉の取扱いにも安全性が危惧されるところから、特別にスペースを設けています。

　執筆にあたっては、獣医科大学等において食中毒病因物質の研究をされているだけでなく、食肉の生産現場から、処理、流通、加工、調理、保存、消費までの実態に詳しい先生方に依頼しました。現場の実情に沿った内容になっていると確信します。

　こうした理由から、食肉を食材として日々扱っている飲食店の調理従事者の方々に是非とも本書を読んでいただいて、事故なく美味しい料理をお客様方に末長く提供していただけるための一助にしていただければと願っています。

　なお、本書は、飲食店の調理従事者だけでなく、広く食材として食肉を取り扱う食品事業者の方々や食肉処理業者、食肉製品製造業者、食肉販売業者、そうざい製造業者の方々、これら業種の品質管理担当者の方々にも有益な情報が含まれていますので、従業員教育などにも是非活用されることを望みます。

　令和5年3月

公益社団法人日本食品衛生協会

常務理事　加　地　祥　文

執筆者・執筆項目一覧

■執 筆 者

森田　幸雄　　麻布大学　獣医学部獣医学科公衆衛生学第二研究室　教授

小原　和仁　　公益社団法人全国食肉学校　学校長

赤池　　洋　　森久保薬品株式会社　営業本部テクニカルサポート部　HACCP 担当部長

石岡　大成　　高崎健康福祉大学　農学部生物生産学科食品安全学研究室　准教授

加地　祥文　　公益社団法人日本食品衛生協会　常務理事

（敬称略・掲載順）

■執筆項目一覧

第1章　わが国に流通する食肉について	森田　幸雄
	小原　和仁
第2章　獣畜・家きんの生産から消費まで 　1　生産農場について― 牛・豚・馬・羊・山羊・鶏 ―	赤池　　洋
2　と畜場・食鳥処理場と検査について 　3　食肉に係る主な営業種について	森田　幸雄
第3章　食肉にひそむ危害要因	森田　幸雄
第4章　統計資料からみた食肉による食中毒の発生状況	森田　幸雄
第5章　実際に起こった食肉による食中毒	石岡　大成
第6章　食肉を取り扱う施設の衛生管理	森田　幸雄
― 一般衛生管理、食肉の適切な取扱い、施設基準 ―	石岡　大成
第7章　ジビエ（野生鳥獣肉）の衛生的な取扱い	森田　幸雄
第8章　食肉の衛生に関する法令等	加地　祥文

食肉の衛生管理

ー 安全な食肉を提供するために ー

公益社団法人日本食品衛生協会

目　次

第7章　ジビエ（野生鳥獣肉）の衛生的な取扱い …………………………… 103

第 1 章

わが国に流通する食肉について

第 **1** 章

わが国に流通する食肉について

1 獣 畜

　と畜検査が行われている、牛、豚、馬、めん羊、および山羊のことを「獣畜」といいます。獣畜は、と畜場法によって安全性が厳しく規定されており、これらの動物を食肉とする場合は、獣医師であると畜検査員によって1頭ごとに検査が行われています。

（1）牛　肉

　わが国で流通している牛肉は、2021年度では約91万 t で、そのうち約37％が国産牛肉、約63％が輸入牛肉です（図1-1）。

1）国産牛肉

　和牛、交雑牛、乳用肥育牛、乳用牛が、一般的に国産牛肉として流通しています。

・和　牛：雌や去勢した和牛を肥育したもの

・交雑牛：乳用種のホルスタインの雌牛に、黒毛和種の精子を人工授精し出産した交雑種を肥育したもの

・乳用肥育牛：去勢した乳用種を肥育したもの

・乳用牛：乳用種の雌で出産後の牛乳を生産した後のもの

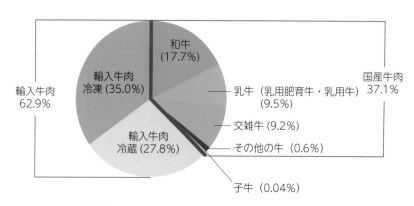

図1-1　流通牛肉（約91万 t）の内訳（2021年度）

国内生産量、輸入量ともに部分肉換算
独立行政法人農畜産業振興機構の国内統計資料より作成

国産牛と和牛の違い

　国産牛とは、
・国内で生まれ、飼養された牛
・生体で輸入された牛で、日本国内での飼養期間が、その他の飼養した国と比較して最も長い牛
・飼養期間が同じ国がある場合は、最後の飼養地が日本である牛
のことをいいます。原産地表示は義務ですが、銘柄表示をする場合は「国産」の表示にかえることができます。和牛も国産牛の一つですが、差別化するために「和牛」という表示をするのが一般的です。

　和牛は、黒毛和種、褐毛和種、日本短角種、無角和種の4種が存在し、最も多く生産、消費されているものは黒毛和種です。

2）輸入牛肉

　輸入牛肉は、外国のと畜場で処理・加工された牛肉を冷凍または冷蔵状態で輸入し、日本の食肉処理施設で加工されたものが流通しています。2021年度では、牛肉は約56万9,000tで、主にオーストラリア（約40％）、米国（約39％）から輸入されています。米国から輸入される肉用種は主にアバディーンアンガス、オーストラリアは主にアバディーンアンガス、ヘレフォードです。なお、アバディーンアンガスはアンガスともいわれており、多くの国の主要な肉用種として独自に品種改良されています。和牛と輸入牛の品種とその特徴は**表1-1**のとおりです。

表1-1　和牛と輸入牛の品種と特徴

品　種		特　徴
和牛	黒毛和種	わが国の和牛の98％が黒毛和種であることから、一般に和牛とは黒毛和種をさす。毛色は黒・褐色。「霜降り肉」を生産する
	褐毛和種	あか牛と呼ばれる。毛色は黄褐色から赤褐色。黒毛和種よりも大きい
	日本短角種	名前のとおり角が短い。毛色は濃い赤褐色。放牧に適している
	無角和種	名前のとおり角がない。毛色は黒毛和種よりも濃い黒色。成長が早い
アバディーンアンガス		イギリス・アバディーン州やアンガス州原産を改良した比較的小柄な牛。角はなく、毛色は黒色。世界的に普及している肉用種
ヘレフォード		イギリス・ヘレフォードシャー原産。毛色は濃褐色で顔・頸・背・胸に白色斑。代表的な肉用種。暑さや寒さ、病気にも強く、放牧に適している

黒毛和種（雌）

日本短角種（雌）

アバディーンアンガス（雌）
写真：独立行政法人家畜改良センター　提供

（2）豚　肉

　わが国で流通している豚肉は、2021年度では約185万 t で、そのうち約50％が国産豚肉、約50％が輸入豚肉です（図1-2）。輸入冷凍豚肉の大部分はハム・ソーセージの原料となっています。

1）国産豚肉

　雌や去勢した豚を肥育した肥育豚は、品種改良が活発に行われています。近年、わが国では肉が脂肪交雑になりやすい3元交雑種（ランドレース・大ヨークシャー・デュロック）が主流に、黒豚であるバークシャーも流通しています。表1-2に主な豚の品種とその特徴を示します。

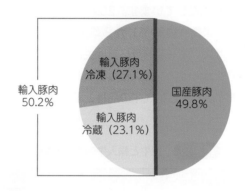

図1-2　流通豚肉（約185万 t）の内訳（2021年度）

国内生産量、輸入量ともに部分肉換算
独立行政法人農畜産業振興機構の国内統計資料より作成

表1-2　主な豚の品種と特徴

品　種	略号	原産国等	特　徴
ランドレース	L	デンマーク	赤肉が多く、脂肪が少ない。産子数や泌乳量が多いため育成率が高い。繁殖能力が優秀
大ヨークシャー	W	イギリス・ヨークシャー州	赤肉と脂肪の割合が均等。繁殖能力が優秀
中ヨークシャー	Y	イギリス・ヨークシャー州	肉質、脂肪の質が良い。哺育能力が高い
バークシャー	B	イギリス・バークシャー州	肉質、脂肪の質に優れている。産子数が少ない傾向がある。純血種は「黒豚」
デュロック	D	アメリカ東部	肉質、脂肪の質に優れている。身体が頑丈で飼いやすい

ランドレース（雌）

大ヨークシャー（雄）

デュロック（雄）

写真：独立行政法人家畜改良センター 提供

2）輸入豚肉

　輸入豚肉は、外国のと畜場で処理・加工された豚肉を冷凍または冷蔵状態で輸入し、日本の食肉処理施設で加工されたものが流通しています。2021年度では、豚肉は約92万9,000t で、主に米国（約27％）、カナダ（約24％）から、次いでスペイン（約15％）、メキシコ（約13％）、デンマーク（約9％）から輸入されています。各国より、品種改良されたさまざまな豚肉が輸入されています。

Column　黒豚・三元豚・金華豚とは

バークシャー（雌）
写真：独立行政法人家畜改良センター 提供

● 黒　豚：バークシャー（B）の豚のことです。イギリス・バークシャー州を原産地とする豚で、明治時代に輸入されました。鼻の先、手足、しっぽの先以外の全身が黒いので「黒豚」と呼ばれています。

● 三元豚：3種類の純血種をかけ合わせた雑種豚のことで、通常豚は雑種豚が繁殖・肥育されています。以前からランドレース（L）と大ヨークシャー（W）を掛け合わせた豚を母豚にして、雄豚としてデュロック（D）を掛け合わせた雑種（LWD）が主に肉用豚として生産されています。

● 金華豚：中国の浙江省金華地区が原産の豚です。世界三大ハム（イタリアのパルマ地方のプロシュート・ディ・パルマ、スペインのハモン・セラーノ、中国の金華ハム）の一つで、金華ハムの原料豚として知られています。金華豚は日本でも飼養、生産されています。

（3）馬　肉

　わが国で流通している馬肉は、2021年度では約1万2,000t で、そのうち約40％が国内生産馬肉、約60％が輸入馬肉です（**図1-3**）。2021年度の輸入馬肉は主にカナダ（約29％）、アルゼンチン（約27％）から、次いでポーランドとブラジル（各約12％）、メキシコ（約10％）から輸入されました。

　表1-3に肉用馬の品種とその特徴を示します。

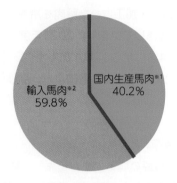

図1-3　流通馬肉（約1万2,000t）の内訳（2021年度）

※1　農林水産省畜産物流通統計の枝肉生産量
※2　財務省貿易統計より枝肉換算

表1-3　主な肉用馬の品種と特徴

品　種	原産国等	特　徴
道産子 （北海道和種）	日本・北海道	体高は約125～135cm、体重は約350～400kg。日本在来種の中では比較的大きい。毛色は鹿毛、河原毛、月毛、佐目毛などさまざま
ブルトン	フランス・ブルターニュ地方	体高は約150～160cm。体重は約600Kg。毛色は主に栗毛や糟毛（かすげ）が多く、鹿毛や芦毛もみられる。力強く、短い頸と太い胴体
ベルジャン	ベルギー・ブラバント地方	体高は160～170cm。体重は約900kg。毛色は栗毛、糟毛。頸は短く太い。
ペルシュロン	フランス・ノルマンディ地方	体高は約160～170cm、体重は約1,000kg。大型種。毛色は芦毛や青毛などが多く、脚が短く胴が太い。性格は優しい
ペルブルジャン	各国で交配	上述のブルトン、ベルジャン、ペルシュロンの交配種。大型で体重は800～1,000Kg。熊本県産の馬刺しの多くは本品種。

ブルトン（雌）　　　　　　　　　ペルシュロン（雄）
写真：独立行政法人家畜改良センター　提供

（4）めん羊肉

サフォーク（雌）
写真：独立行政法人家畜改良センター　提供

　一般に羊肉といわれているのは「めん羊」の肉で、生後1年未満の子羊肉は「ラム」、生後1年以上の羊肉は「マトン」、マトンのうち1年以上2年未満の羊肉は「ホゲット」といわれます。一般的には北海道の郷土料理として有名な「ジンギスカン」の肉はめん羊肉です。

　国内で流通しているめん羊肉のほとんどは輸入肉で、国内生産割合は1％未満です。2020年度の輸入量は約2万tで、主にオーストラリア（約62％）、次いでニュージーランド（約36％）から輸入されています[1]。

　表1-4に肉用めん羊の品種とその特徴について示します。

表1-4　主な肉用めん羊の品種と特徴

品　種	原産国等	特　徴
サフォーク	イギリス・サフォーク州	ノーフォーク・ホーン（在来種）にサウスダウンを交配した大型の肉用種。雄100〜135kg、雌70〜100kg。多くの国で肉用として飼養される
サウスダウン	イギリス・サセックス州、サウス・ダウンズ丘陵地帯	小型肉用種で、胴体が太い。雄80〜100kg、雌55〜70kg。イギリスでは肉質が好まれている
チェビオット	イギリス・イングランドとスコットランドの境界	小型肉用種。雄70〜80kg、雌50〜60kg。粗飼料（生草、サイレージ、乾草、わら類等）の利用性が高く、放牧でも成長する

＊1：国内生産量、輸入量ともに枝肉換算。「めん羊・山羊をめぐる情勢」令和4年6月農林水産省畜産局畜産振興課より

（5）山羊肉

日本ザーネン種（雄）
写真：独立行政法人家畜改良センター 提供

　山羊肉は主に沖縄の郷土料理として食されており、国内で生産される山羊肉のほとんとが沖縄県で消費されています。

　国内で流通している山羊肉は、2020年度では約507tで、そのうち国内生産割合が約14%、輸入は約86%で、輸入先は100%オーストラリアとなっています[1]。

　表1-5に主な山羊の品種とその特徴を示します。

表1-5　主な山羊の品種と特徴

品　種	原産国等	特　徴
ボア	南アフリカ原産各国で品種改良。日本はニュージーランドで改良したものを導入	雄130〜150kg、雌90〜130kg。多くの国で肉用として飼養。有角で、頭から肩にかけて茶色。耳は大型で垂れ下がっている
トカラ山羊	日本・鹿児島県（トカラ列島）	小型肉用種。雄80〜100kg、雌55〜70kg。雌雄ともに有角で肉垂れがない。早熟で周年繁殖。トカラ列島の中之島では野生化している。胴体が太い。イギリスでは肉質が好まれている
シバ山羊	日本・長崎県（長崎県西・五島列島）	小型肉用種。体重は30〜40kg
日本ザーネン種	ザーネン種（スイス・ベルン県ザーネン谷：代表的な乳用種）を日本で品種改良	雄90〜110kg、雌60〜80kg。雌は乳用、雄は肉用として利用される

2　食　鳥

　食鳥とは、鶏、あひる、七面鳥、その他一般に食用に供する家きんのことを示します。流通するこれらの食鳥を処理する場合は、食鳥処理の事業の規制及び食鳥検査に関する法律で規定されているとおり、食鳥処理場でとさつされ、食鳥検査員等により検査が行われ、合格したとたいが出荷されます。

（1）鶏　肉

　わが国で流通している鶏肉は、2021年度では約228万 t で、そのうち約74％が国産鶏肉、約26％が輸入鶏肉です（**図 1 - 4**）。

1 ）国産鶏肉

　国内で流通する国産肉用鶏は、ブロイラー（若鶏）、地鶏、銘柄鶏の 3 つに大きく分けられます。ブロイラーは短期間で成長するよう育種改良された肉用若鶏の総称で、国内で流通する国産鶏肉の 9 割以上はブロイラーです。白色コーニッシュの雄に白色プリマスロックの雌を交配したものが、ブロイラーの大部分を占めます。

　地鶏は、地鶏肉の日本農林規格（通称、地鶏肉 JAS）によって、在来種由来の血統が50％以上のもので、出生の証明ができ、飼育条件（飼育期間・飼育方法・飼育密度）を満たしたものと定められています。銘柄鶏は、飼料や環境など工夫を加えて飼育されたことにより、一般的なブロイラーよりも味や風味などを改良した鶏のことです。地鶏肉 JAS による定義はなく、ブロイラーと同じ種類の若鶏系と赤鶏の親をもつ赤系に分類されます。

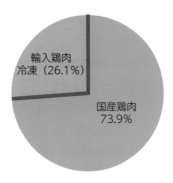

図 1 - 4　流通鶏肉（約228万 t）の内訳（2021年度）

国内生産量は骨付き肉換算、輸入量は輸入重量
（分割しないもの・骨付きもも・その他を含む）
独立行政法人農畜産業振興機構の国内統計資料より作成

白色コーニッシュ（雄）

白色プリマスロック（雌）
写真：独立行政法人家畜改良センター　提供

2）輸入鶏肉

　輸入鶏肉は、外国の食鳥処理場で処理・加工され、大部分を冷凍状態で輸入し、日本の食肉処理施設で加工されたものが流通しています。2021年度では、鶏肉（ブロイラー）は約59万4,000tで、主にブラジル（約74％）、タイ（約23％）から輸入されています。

（2）あひる、七面鳥、その他一般に食用に供する家きん

　2021年度の厚生労働省食肉検査等情報還元調査によると、わが国におけるあひるの検査（処理）羽数は約44万羽、七面鳥は2015年度以降0羽です。

　2021年度の財務省貿易統計によると、あひる肉の輸入量は約6,961t、七面鳥肉は約612t、その他食鳥肉類は約97tで、主にあひる肉はタイ（約72％）、七面鳥肉は米国（約88％）、その他食鳥肉類はハンガリー（約80％）から輸入されています。

3　ジビエ（野生鳥獣肉）の利用量

　「ジビエ」（フランス語でgibier）とは、狩猟で得た自然で生息するシカ、イノシシ、クマ、鳥類等の野生鳥獣およびそれらの肉を意味します。英語では野生鳥獣の肉をGame meatといいます。

　2021年度におけるシカおよびイノシシの捕獲頭数は各々72万5,000頭、52万8,600頭で、そのうち食品衛生法に基づき食肉処理業の営業許可を有する食肉処理施設で処理されたシカは9万9,033頭、イノシシは2万9,666頭で、利用率は、シカで捕獲頭数全体の13.7％、イノシシで5.6％と未だ低率です。2016年度以降、ジビエの利用量は増加傾向にありますが、2021年度はシカ肉947t、イノシシ肉357tが食肉として流通し、その他の鳥獣肉、自家消費向け食肉を含めると1,438tが食肉として利用されています（図1-5）。

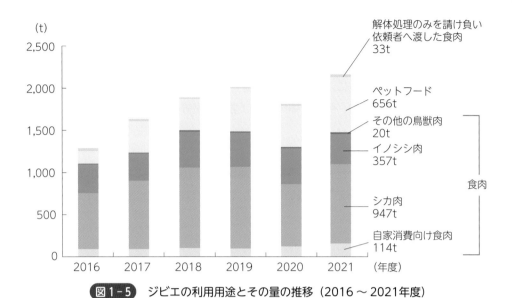

図1-5 ジビエの利用用途とその量の推移（2016～2021年度）

農林水産省の野生鳥獣資源利用実態調査より作成

4 牛肉、豚肉、鶏肉の消費量

　農林水産省の食料需給表によると、1980年度では国民１人が１年間に豚肉9.6kg、鶏肉7.7kg、牛肉3.5kgを消費していました。これらの消費量は年々増加し、2020年度では豚肉12.9kg、鶏肉13.9kg、牛肉6.5kgとなっています。

　2012年度には鶏肉が豚肉の消費量を上回りました。牛肉は口蹄疫（2000年と2010年）、牛海綿状脳症（BSE）（2001年）の発生を受け、当該年度の消費量は減少しました。1980年度と比べ、豚肉は1.3倍、鶏肉は1.8倍、牛肉は1.9倍と消費量は増大しています（**図1-6**）。

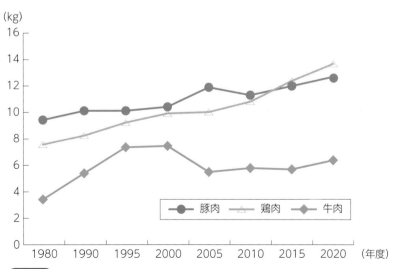

図1-6 国民１人が１年間に消費する肉の量の推移（1980～2020年度）

資　料　食肉の部位とその特徴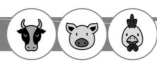

　同じ牛、豚、鶏…でも部位によって肉質や風味、豊富な栄養成分、適した調理方法などさまざまあります。ここでは牛肉、豚肉、鶏肉および主な内臓等の部位について紹介します。

牛　肉

　牛肉の部位は農林水産省が定めた「食肉小売品質基準」（小売店において小売販売される牛肉および豚肉の部位表示の方法等について規定）によって11部位に分けられています。また主な内臓等を示します。

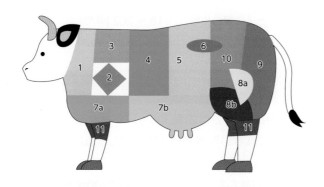

1　ネック

きめが粗く、かたくて筋っぽい部位。脂肪分が少なく赤身が多め、他の部位と混ぜてひき肉やこま切れにされています。エキス分も豊富、煮込みに。

2　かた

ややかたく脂肪の少ない赤身肉。うま味成分が豊富で、味は濃厚。エキス分やゼラチン質が多く、煮込み料理、スープをとるのに適します。

3　かたロース

やや筋が多いですが、脂肪分も適度にあり、風味のよい部位です。しゃぶしゃぶ、すき焼き、焼き肉に。ステーキにするときはていねいに筋切りを。

4　リブロース

霜降りになりやすい部位。きめが細かく肉質もよいので、肉そのものを味わうローストビーフ、ステーキに。霜降りのよく入ったものはすき焼に最適です。

5　サーロイン

きめが細かくてやわらかな部位です。ステーキに最適で、1cm以上の厚切りにして焼くと肉汁が逃げません。ローストビーフ、しゃぶしゃぶにも。

6　ヒレ

きめが細かく大変やわらかな部位です。脂肪が少ないので、ステーキやビーフカツなどの焼き物や揚げ物に。加熱しすぎるとかたくなるので、注意。

7a　かたばら

赤身と脂肪が層になり、きめは粗くてかための肉質。角切りにしてこってりと煮込んだり、こま切れは肉じゃがや大根との煮物に。

7b ともばら

肉質はかたばらとだいたい同じですが、エネルギーはかたばらより高めです。霜降りになりやすく、濃厚な味です。シチューや煮込み、カルビ焼きに。

8a うちもも

赤身の大きなかたまりで、牛肉の部位中、最も脂肪が少ない部位です。ステーキなど大きな切り身で使う料理や焼き肉、ローストビーフや煮込みに。

8b しんたま

赤身のかたまりで、きめが細かく、やわらか。他の部位に比べると脂肪が少ない部位です。ローストビーフやシチュー、焼き肉、カツなどに。

9 そともも

脂肪の少ない赤身肉で、きめはやや粗く、かための部位です。薄切り、細切りにしていため物に。

10 らんぷ

やわらかい赤身肉で、味に深みがある部位です。ステーキやローストビーフに。このほか、ほとんどの料理に利用できます。

11 すね

筋が多く、かたい部位ですが、長時間煮るとやわらかくなります。だしをとるのに最適の部位。ポトフや煮込みに。圧力鍋なら、短時間でやわらかに。

牛の内臓等

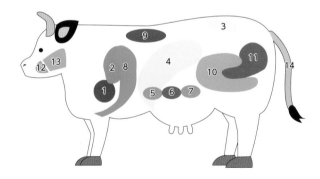

1 ハツ（心臓）

筋繊維が細かいため、コリコリした歯ざわりがあります。たんぱく質とビタミンB$_1$、B$_2$が多い部位です。下味をつけて焼いたり、串焼きに。

2 レバー（肝臓）

たんぱく質、ビタミンA、B$_2$、鉄が多い部位。血抜きをし、しょうがやにんにくのすりおろしたものや、酒、しょうゆなどで下味をつけると食べやすくなります。

3 マメ（腎臓）

脂肪が少なく、鉄、ビタミンB$_2$が多く、ぶどうの房状をしています。縦半分に切って白い筋を除き、洗ってバター焼き、モツ焼き、みそ煮に。

4 ミノ（第一胃）

牛の4つの胃の中でいちばん大きく肉厚でかたく、繊毛が密生しています。第一胃のうち特に厚くなった部分は「上ミノ」と呼ばれ、焼き肉店などでもおなじみ。

5 ハチノス（第二胃）

牛の第二胃のこと。胃の内壁の形が名のとおり蜂の巣のようにひだになっていることから、こう呼ばれています。蜂巣胃ともいい、煮込み料理やモツ焼きなどに利用されています。

6 センマイ（第三胃）

千枚のひだがあるような形で、特有の歯ざわりがあり、脂肪が少なく、鉄を多く含みます。ゆでて売られていますがもう一度ゆで、氷水にさらして臭みを除きます。

7 ギアラ（第四胃）

牛の第四胃のこと。第一～・三胃に比べて表面がなめらかで、薄く、大きなひだがあるのが特徴。アカセンマイとも呼ばれ、煮込み料理などに向いています。

8 ハラミ（横隔膜）

主に焼き肉用として出回っています。輸入名は、アウトサイドスカートといいます。シチューやカレーなどにも向きます。

9 サガリ（横隔膜）

横隔膜の腰椎に接する部分で、ハラミと同様、適度に脂肪があります。肉質はやわらかです。

10 ヒモ（小腸）

大腸より薄くて細い部位です。かためですが、じっくり煮込むとおいしく食べられます。つけ焼き、煮込み料理に。

11 シマチョウ（大腸）

ヒモに比べると厚く、かたいので長時間煮る必要があります。一般にはヒモと同様、ゆでてぶつ切りにしたものが売られています。下処理の方法はヒモと同様です。

12 タン（舌）

タン元はやわらかく焼肉に、タン先はかためですが、煮込むとやわらかに。シチューやみそ漬けにも。普通、皮をむいたものが売られています。

13 ホホニク（頬肉）

頬の部分で、主に加工品の原料として利用されています。

14 テール（尾）

コラーゲンが多いので、長時間の加熱でゼラチン化し、やわらかくてよい味となります。普通、関節ごとに切ったものが売られています。

豚　肉

　豚肉の部位も食肉小売品質基準によって8部位に統一されています。主な内臓等とともに示します。

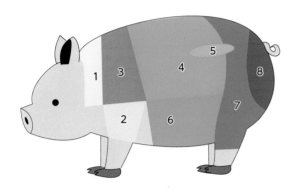

1　ネック

脂肪分が多く、焼き肉に適しています。「トントロ」と呼ばれているのは、この部位です。

2　かた

肉のきめはやや粗くかためで、肉色は他の部位に比べてやや濃いめです。脂肪が多少あるため、薄切りや角切りにして長時間煮込むとよい味が出ます。シチューやポークビーンズなどに。

3　かたロース

赤身の中に脂肪が粗い網状に混ざり、きめはやや粗くかためですが、コクのある濃厚な味。カレーや焼き豚、しょうが焼きなどに。赤身と脂肪の境にある筋を切ってから調理します。

4　ロース

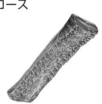

きめが細かく、適度に脂肪がのった、ヒレと並ぶ最上の部位。外縁の脂肪にうま味があるのであまり脂肪を取りすぎないように。とんカツやすき焼き、ローストポークや焼き豚にも。

5　ヒレ

豚肉の中で最もきめが細かく、やわらかい最上の部位。脂肪は少なくビタミンB_1を多く含み、低エネルギー。コクに欠けるので、とんカツやステーキなど油を使った料理向きです。加熱しすぎるとパサつくので注意。

6　ばら

濃厚な味の部位で、赤身と脂肪が交互に3層くらいになっています。骨つきのものはスペアリブと呼ばれ、肋骨周辺の肉は特によい味です。角切りにして、シチューや角煮などに。

7　もも

ヒレに次いでビタミンB_1が多く、脂肪が少なくきめが細かい部位です。ローストポークやステーキ、焼き豚など肉そのものの味を楽しむ料理に。この部分をハムにしたのがボンレスハムです。

8 そともも

お尻に近い部位で、牛肉でいう「らんぷ」と「そともも」の2つの部位にあたります。ほとんどの豚肉料理に向きますが、肉色が濃いめの部分はきめが粗いので薄切りにしたり、煮込みに利用するとよいでしょう。

豚の内臓等

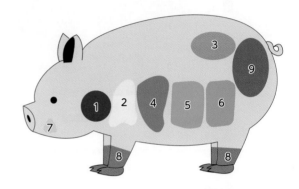

1 ハツ（心臓）

筋繊維が細かく緻密なので独特の歯ざわりがあります。ややかたく、味は淡泊。脂肪が少なく、ビタミンB_1、B_2、鉄が多く含まれます。充分に血抜きをしてから調理します。薄切りは網焼きや鉄板焼きに。一口大にして焼きとり風にしたり、しょうゆやみそ味の煮物にも向きます。

2 レバー（肝臓）

肉、内臓の中でビタミンAが最も多い部位。たんぱく質、ビタミンB_1、B_2、鉄も多く含まれています。和風、中国風にはにんにくやしょうが、しょうゆ、酒で、洋風には牛乳や香味野菜で臭みをやわらげるとよいでしょう。揚げ物やいため物、ソテーなどに。

3 マメ（腎臓）

そら豆の形に似ていることから、この名前があります。脂肪が少なく、低エネルギーです。表面の皮を除き、半分に切って、白い筋（尿管）をていねいに取ると臭みが気になりません。香味野菜などとさっとゆでて水にさらしてから、いため物や、煮込み、あえ物などに。

4 ガツ（胃）

臭みが少なく、内臓を好まない人でも食べやすい部位です。一般にはゆでたものが売られていますが、生のものは塩をふってよくもんでから、香味野菜を加えた湯でゆでます。モツ焼きや酢の物、煮込み料理に。

5 ヒモ（小腸）

ダイチョウといっしょに「モツ」として市販されています。脂肪が多く付着していますが、普通は軽くゆでて脂肪を除いたものが売られています。下ゆでしたものをさらにぬるま湯につけてアクをきれいに除いてから調理します。煮込みにしたり、串焼きにするとおいしく食べられます。

6 ダイチョウ（大腸）

ヒモと同様に、脂肪が多く付着しています。ぶつ切りにして、ゆでて市販されています。にんじん、ねぎ、こんにゃくなどとみそで煮るとおいしく、また酢の物やマリネにしてもよいでしょう。

7 タン（舌）

ビタミン A、B₂、鉄、タウリンが食肉部分より多く含まれています。根元のほうは脂肪が多くてやわらかです。薄く切って、バター焼き、網焼き、から揚げに。丸のままゆでて煮込みなどに。ゆでるときは、香味野菜とともに 2 ～ 3 時間ゆでます。

8 トンソク（足）

コラーゲンや、エラスチンなどのたんぱく質を多く含み、長時間煮るとゼラチン質に変化してやわらかくなります。骨と爪以外は、全部食べられます。通常ゆでて売られているので熱湯でアク抜きをしたあと、あえ物や甘辛い煮物に。沖縄では足ティビチとして、煮込み料理に。

9 コブクロ（子宮）

市販のものは、若い雌豚のもので、やわらかく、淡泊な味で、脂肪は非常に少ない部位です。ピーマンやしいたけ、ねぎなどと網焼きやあえ物に。また、しょうゆやみそで煮込んでもおいしく食べられます。

鶏　肉

　鶏肉も農林水産省が定めた「食鶏小売規格」（小売段階における食鶏の種類、部位および品質標準ならびにそれらの表示について規定）により部位が定められています（以下一例）。

1 手羽（手羽さき・手羽もと・手羽なか）

手羽さきはゼラチン質や脂肪が多くて濃厚な味なので、スープやカレー、煮物に。手羽もとは、ウイングスティックと呼ばれ、手羽さきより淡泊なのでいため物や揚げ物に。骨つきのものは水炊きにすると、骨からよい味が出ます。

2 むね肉

脂肪が少ないため、エネルギーが低い部位です。あっさりしているので、から揚げやフライに。照り焼き、焼きとり、いため物、煮物、蒸し物などいろいろ利用できます。

3 もも肉

むね肉に比べて肉質はかためですが、味にコクがあります。照り焼き、ローストチキン、フライ、から揚げなど、広く利用できます。骨つきのものをカレーやシチュー、煮込みにするとよい味が出ます。

4 ささみ

形が笹の葉に似ているので、この名前が。脂肪は少なく、たんぱく質を多く含みます。淡泊な味なので、揚げ物にして、油のうま味をプラスして。肉質がやわらかいため、ゆでて、酒蒸しやサラダ、あえ物に。

5 かわ

脂肪の量が多く、エネルギーはささみの約5倍。黄色の脂肪を除き、さっとゆでて冷水にとり、余分な脂やにおいを洗い流してから調理します。から揚げや網焼き、いため物、煮物、あえ物に。

鶏の内臓

1 きも（心臓）

ハツとも呼ばれ、肝臓といっしょに売られています。まわりの脂肪を除いて洗い、縦半分に切って血のかたまりを除き、水洗いをし、冷水につけて血抜きをしてから調理します。串焼き、煮物、揚げ物、いため物に。

2 きも（肝臓）

たんぱく質、ビタミンA、B_1、B_2、鉄を多く含み、ビタミンAは豚レバーに次いで多く含まれています。冷水に30分くらいつけ、血抜きをすれば臭みが気になりません。焼きとり、煮物、揚げ物、いため物、レバーペーストに。

3 すなぎも（筋胃）

すなぶくろとも呼ばれ、砂を蓄え食べたものをつぶすなどの働きをするため、筋肉が発達しています。クセがなく、コリッとした歯ざわりです。脂肪が大変少なく、低エネルギー。しょうがをきかせて煮たり、から揚げ、いため物に。

● 食肉の部位とその特徴（p.12〜18）：公益財団法人日本食肉消費総合センター発行「新　食肉がわかる本」、「牛肉・豚肉の部位と特徴」より
● 牛・豚・鶏の内臓等の写真（p.13〜18）：一般社団法人日本畜産副産物協会　提供

第 2 章

獣畜・家きんの生産から
消費まで

第2章

獣畜・家きんの生産から消費まで

1 生産農場について― 牛・豚・馬・羊・山羊・鶏 ―

　日々、私たちが食する食肉は、国産と外国産に二分されますが、国産食肉は、日本の畜産農場で生産された獣畜や家きんに由来し、生体としてと畜場や食鳥処理場に出荷されます。ここでは、わが国で生産される獣畜・家きんに関する生産農場について紹介します。

（1）牛

　国産牛肉として流通している牛肉は、肥育牛と繁殖牛に由来しています。

　肥育牛は、肥育専門農場や一貫農場で一定の肥育期間を経て、と畜場へ出荷されます。牛の種類や性別等によって肥育期間は異なり、黒毛和種の去勢牛は生後約28か月、交雑種の去勢牛は生後約26か月、乳用種の去勢牛は生後約21か月ほど肥育された後に出荷されます。黒毛和種と交雑種の雌牛は、それぞれの去勢牛より2か月ほど長くなる傾向があります。

　繁殖牛は、繁殖農場や一貫農場で、繁殖の役目を終えた雌牛や雄牛が、また、酪農場において乳生産を終えた乳用牛がと畜場へ出荷されるものです。肉は主に加工用として使用されます。

1）生産農場の分類

　牛の生産農場は、肉牛農場、酪農場、乳肉複合農場等に分類されます。肉牛農場は、主に繁殖農場、肥育農場、育成・肥育農場、繁殖・肥育一貫農場等に分類されます。

- **a. 繁殖農場**：母牛から産まれた子牛を、スモール子牛（おおむね6か月未満の牛）や育成牛等の肥育素牛（もとうし）として市場あるいは肥育農場へ販売します。
- **b. 肥育農場**：市場や繁殖農場から10か月齢前後の肥育素牛を購入し、肥育後に肥育牛として出荷します。
- **c. 育成・肥育農場**：市場や繁殖農場からスモール子牛の肥育素牛を購入し、育成・肥育後に肥育牛として出荷します。
- **d. 繁殖・肥育一貫農場**：繁殖農場と肥育農場を合わせた農場で、繁殖により産まれた子牛を哺育・育成し、肥育後に肥育牛として出荷します。
- **e. 乳肉複合農場**：肉牛農場と酪農場を両立する経営体で、肥育牛は乳用牛の繁殖により産まれた子牛に由来します。

2）肥育から出荷まで

　国産牛肉は、和牛、交雑牛（F1（エフワン））、乳用肥育牛、乳用牛に分類されます。

- **a. 和牛**：繁殖農場、肥育農場、一貫農場から肥育牛および繁殖の役目を終えた繁殖牛として出荷されます。和牛は黒毛和種、褐毛和種、日本短角種、無角和種の4品種あります。一

20

部、黒毛和種は、酪農場において、乳用種のホルスタインの雌牛への黒毛和種の受精卵移植により産まれた子牛に由来することもあります。

b. **交雑牛**：主に肥育農場から肥育牛として出荷されます。酪農場において、主に乳用種のホルスタインの雌牛と黒毛和種の雄牛の精液の人工授精による交配により産まれた子牛に由来します。

c. **乳用肥育牛**：主に肥育農場から肥育牛として出荷されます。酪農場において、産まれた乳用種の雄子牛に由来します。

d. **乳用牛**：酪農場において牛乳生産や繁殖の役目を終えた乳用種の雌として、と畜場へ出荷されます。

3）主な肥育地域および飼養形態

　肉用牛肥育の盛んな地域は、北海道、鹿児島県、宮崎県、熊本県、岩手県、栃木県、宮城県で、乳用肥育牛については、北海道、栃木県、岩手県、熊本県、群馬県、千葉県です。産地や血統、格づけや育て方など、厳しい基準をクリアしたものだけがブランド牛として流通しています。中でも松阪牛、神戸牛、近江牛は日本三大和牛として有名です。

　飼養形態は、肉用牛経営においては、牛舎での群飼（複数で飼う）（**写真 2 - 1**）、単飼（1頭で飼う）、放牧があります。牛は草食動物であり群れる習性があります。その群れの中で格闘を行い、強さによる序列をつくります。その格闘時に外傷など、牛体への損傷も起きることがあります。単飼では外傷は少なくなりますが、飼養面積を要します。放牧では大きな群れとなり、格闘による事故の発見が遅れがちになります。よって、通常は数頭での群飼が行われています。

　一方、酪農経営においては、牛舎でのつなぎ飼いや放し飼い（フリーストール）、放牧があります。

写真 2 - 1　牛舎での群飼

（2）豚

　国産豚肉として流通している豚肉は、主に肥育豚と種豚（肥育豚を生産する母豚と雄豚）に由来しています。肥育豚は黒豚（バークシャー（B））を除き、ほとんどが三元豚のように雑種であるのに対し、種豚は、ランドレース（L）、大ヨークシャー（W）、中ヨークシャー（Y）、バークシャー、デュロック（D）等、純粋種が主流です。

1）生産農場の分類

　豚の生産農場は、主に種豚農場、繁殖農場、肥育農場、繁殖・肥育一貫農場に分類されます。

- **a. 種豚農場**：豚の繁殖や品種改良の元となる種豚を生産、育成し、繁殖農場や一貫農場へ販売します。
- **b. 繁殖農場**：母豚から産まれた子豚を育成し、肥育農場へ販売します。
- **c. 肥育農場**：市場や繁殖農場から子豚を購入（導入）し、肥育豚として出荷します。
- **d. 繁殖・肥育一貫農場**：繁殖農場と肥育農場を合わせた農場で、母豚への人工授精や雄豚との本交配により、子豚を繁殖し、肥育豚として出荷します。

　肥育豚は、肥育農場や一貫農場で、生後180日齢前後の肥育期間を経て、と畜場へ出荷されます。繁殖豚は、繁殖農場や一貫農場で、繁殖の役目を終えた後、と畜場へ出荷されます。

2）主な飼養地域および飼養形態

　わが国では、豚の飼養頭数が多い地域は、鹿児島県、宮崎県、北海道、群馬県、千葉県、茨城県、岩手県です。

　飼養形態は、開放豚舎、セミウインドレス豚舎（**写真2-2**）、ウインドレス豚舎等があります。種豚は群飼や単飼で、肥育豚は群飼が一般的です。

- **a. 開放豚舎**：壁に取り付けた窓やカーテンの開閉により換気や温度管理を行います。

　メリットは、後述するウインドレス豚舎より維持コストがかからないことです。デメリットは外気温の影響を受けやすい、カーテンの開閉の手間がかかる、豚舎内への害虫、野生動物等の侵入が容易となる点です。

写真2-2　セミウインドレス豚舎

b. **ウインドレス豚舎**：窓のない密閉型豚舎のことで、コンピューター制御により舎内の環境をコントロールし、人工的に換気・温度・照明管理等を行います。密閉型のため、開放豚舎より温度変化が少なくなります。大規模な養豚場で導入している場合が多いです。

　　メリットは自然の影響を非常に受けにくい、温度管理を徹底して行うことができる、日照管理も容易に行うことができる、舎外から野生動物等の侵入を防止することができる、悪臭・騒音・害虫の発生等が軽減されることです。デメリットは建設費・維持費・電気代等のコストがかかる、大規模停電時による影響が大きい、自家発電装置等の準備を要する、などがあげられます。

c. **セミウインドレス豚舎**：舎内温度は、カーテン開閉とコンピューター制御により、季節ごとに空調方式の切替えが可能となります。メリット・デメリットについては、開放豚舎とウインドレス豚舎の両者を合わせもっています。

（3）馬

　国産馬肉として流通している馬肉は、主に軽種馬および重種馬に由来しています。軽種馬とは体重が600kg前後のものです。一方、重種馬とは体重が800kg程度で、大きなものだと1t以上になることもあり、農用馬にも分類されます。

　食用になる主な重種馬には、北海道の北海道和種（道産子）、フランスのブルターニュ地方が原産のブルトン、ベルギーのブラバント地方が原産のベルジャン、フランスのノルマンディ地方が原産のペルシュロン、そしてこれら3種を交雑させて産まれたペルブルジャンの4種類があります。

1）生産農場の分類

　馬の生産農場は、主に繁殖農場と肥育農場に分類されます。

a. **繁殖農場**：繁殖雌馬から産まれた子馬を育成し、肥育農場へ販売します。

b. **肥育農場**：海外または国内の繁殖農場から購入した馬を、一定の肥育期間を経て、と畜場へ出荷します。

2）主な生産地域および飼養形態

　馬肉の生産は熊本県が圧倒的に多く、福島県、青森県、福岡県、山梨県等でも飼養されています。

　飼養形態は、厩舎での群飼が一般的です（**写真2-3**）。

写真2-3　厩舎での群飼

写真：一般社団法人日本馬肉協会 提供

（4）めん羊・山羊

めん羊

　国産羊肉として流通しているめん羊は、わずか0.6％程度で、大部分は輸入肉です。めん羊は毛用種、肉用種、毛肉兼用種、毛皮種がありますが、わが国では、主に肉用種のサフォークが飼養されています。

1）生産農場〜と畜場、飼養形態

　めん羊の生産農場は主に一貫農場で、自家繁殖により産まれた子羊を肥育し、と畜場へ出荷します。

　季節出産（毎年2〜3月を中心に出産）するめん羊では、出生後4か月齢〜12か月齢にかけて発育の良好な子羊から順次出荷していきます。また、繁殖の役目を終えためん羊もと畜場に出荷されます。

　飼養形態は、畜舎での群飼（**写真2－4**）、放牧等があります。

写真2－4　めん羊の畜舎での群飼

山羊

　国産山羊肉として流通している山羊は、乳用種、肉用種、乳肉兼用種、毛用種に由来しています。

　a.　**乳用種**：日本ザーネン種とその雑種、アルパイン種やヌビアン種があります。

　b.　**肉用種**：ボア種、日本在来のトカラ山羊やシバ山羊などがあります。

　在来種（トカラ山羊、シバ山羊）は主に九州（主に鹿児島県）、沖縄県で飼養され、そのほとんどが肉用として利用されています。一方、日本ザーネン種は、北海道、長野県、群馬県、岩手県、福島県を中心に飼養され、雌は乳用に、雄は種畜（繁殖）用以外は肉用に利用されています。

1）生産農場〜と畜場、飼養形態

　山羊の生産農場は主に一貫農場で、自家繁殖により産まれた子山羊を肥育し、1年前後の肥育期間を経てと畜場へ出荷します。繁殖の役目を終えた山羊もと畜場に出荷されます。

　飼養形態は、畜舎での群飼（**写真2－5**）、放牧等があります。

写真 2 - 5　山羊の畜舎での群飼

（5）鶏

　国産鶏肉として流通している鶏は、ブロイラーなど肉用として飼養される「肉用種（肉用鶏）」および卵を生産する「卵用種（採卵鶏）」、一部「卵肉兼用種」に由来しています。

肉用種（肉用鶏）

　肉用種の代表は白色コーニッシュの雄に白色プリマスロックの雌を交配したものです。肉用鶏は、孵化場から生後間もない初生雛として導入され、50日齢前後の肥育期間を経て食鳥処理場へ出荷されます。

1）主な肥育地域および飼養形態

　肉用鶏肥育の盛んな地域は、宮崎県、鹿児島県、岩手県、青森県、北海道です。中でも肉用種の名古屋コーチン、九州南部の薩摩シャモ、東京シャモ、秋田の比内地鶏は、日本地鶏として有名です。

　飼養形態は、開放鶏舎（**写真 2 - 6**）、セミウインドレス鶏舎、ウインドレス鶏舎での平飼いが99.9％を占めています。

a.　**開放鶏舎**：鶏舎の横壁がカーテンで開放できるようになっており、外気温に応じてカーテンの開閉を行い、鶏舎内温度、換気等の調整を行います。

　　　メリットは健康管理や飼養環境の管理がしやすい、後述するウインドレス鶏舎より維持コストがかからない等です。デメリットは野鳥や野生動物が侵入する可能性がある、厳格な飼養管理がしづらい、作業の手間（労力）がかかる、外気温の影響を受けやすい、夏場の鶏糞管理がしづらい等です。

b.　**ウインドレス鶏舎**：窓のない鶏舎のことで、コンピューター制御により温度、光（照明）、餌および水の管理などを行います。大規模な養鶏場で取り入れている場合が多いです。

　　　メリットは外気温の影響を受けにくい、温度管理を徹底して行うことができる、日照管理も容易に行うことができる、舎外から野鳥や野生動物の侵入を防止することができる、

鶏舎内外の悪臭を低減することができる等です。デメリットは建設費・維持費・電気代等のコストがかかる、精密機械の管理が必要、大規模停電による影響が大きい、自家発電装置等の準備を要する、コンピューターの誤作動の可能性がある等です。

c. **セミウインドレス鶏舎**：窓のない鶏舎ですが、上部（屋根部分）の日光取り入れ口から日光を取り入れ、ウインドレス鶏舎に比べて自然の明るさがあります。開放鶏舎の壁構造の大部分を壁にして、自然の影響を受けにくくした鶏舎で、換気は自然と換気扇を併用します。メリット・デメリットについては、開放鶏舎とウインドレス鶏舎の両者を合わせもっています。

写真2-6　肉用鶏の開放鶏舎

卵用種（採卵鶏）

　わが国の卵用種は、白色レグホンで、約80％を占めています。卵用種は、採卵養鶏場で飼養され、産卵の役目を終えた500〜700日齢前後で、廃用鶏として廃用鶏用の食鳥処理場に出荷されます。廃用鶏の肉質は硬く正肉利用には適さないため、加工食品の原材料等として利用されることが多いです。

1）主な飼養地域および飼養形態

　採卵鶏飼養の盛んな地域は、茨城県、千葉県、鹿児島県、岡山県、愛知県、広島県、群馬県です。

　飼養形態は、開放鶏舎、セミウインドレス鶏舎、ウインドレス鶏舎（**写真2-7**）においてケージ飼い、平飼い、放し飼い（放牧）等があります。セミウインドレスやウインドレス鶏舎のケージ飼いでは、採卵（集卵）が自動化されていることが多いです。

写真2-7　採卵鶏のウインドレス鶏舎

2　と畜場・食鳥処理場と検査について ·····················

（1）と畜場

　と畜場は、と畜場法に基づき食用に供する目的で獣畜（牛、豚、馬、めん羊、および山羊）を
とさつ・解体して枝肉（骨つきの食肉）にするための施設です。食品衛生法に基づき食肉処理業
の営業許可を取得した食肉処理施設は、枝肉を脱骨処理し、さらにその肉を細切する施設です。

　図2-1に、国産食肉・輸入食肉が消費者に届くまでの主な経路を示します。獣畜は、生産農
場からと畜場に出荷されます。と畜場では、と畜検査を経て、枝肉になります。大規模なと畜場
では、食肉市場が併設され、食肉処理業者や食肉製品製造業者による枝肉の競りや売買が行われ
ています。輸入食肉は食肉処理業者、食肉製品製造業者、食肉販売業者、飲食店営業者等に売買
されます。

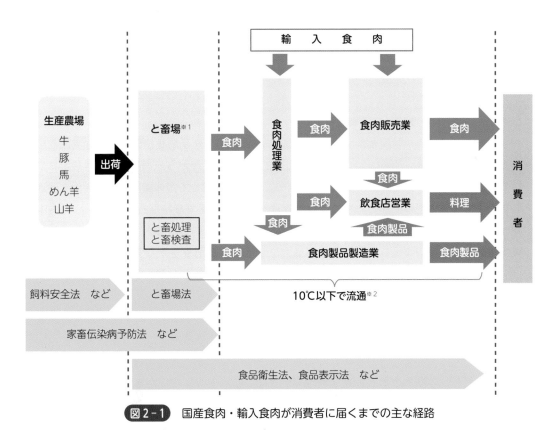

図2-1　国産食肉・輸入食肉が消費者に届くまでの主な経路

※1　大規模なと畜場は食肉市場が併設され、枝肉の競りが行われます。
※2　10℃以下（冷凍の場合は-15℃以下）で管理しなければなりません。

1）と畜検査による食肉の安全性確保

　獣畜は、伝染病等にり患していることがあります。また、健康な獣畜でも、さまざまな病原体を消化管内に保有しています。と畜検査員によると畜検査が1頭ずつ実施されるとともに、と畜場で実施されているHACCPの検証を行うことなどで、安全性が確保されています。

　と畜場では、図2-2に示すような検査が、と畜場法に基づいて獣医師の資格をもつと畜検査員によって行われ、合格した枝肉や内臓などが出荷されます。と畜検査はすべての獣畜に行われ、異常がない獣畜のみ食用となります。なお、と畜場内でのと畜検査で判断できないものは、より詳しく検査するために、食肉衛生検査所で精密検査（微生物検査、病理学検査、理化学検査）が行われます。

　食肉衛生検査所等から派遣されると畜検査員は、食品衛生法の食品衛生監視員としても任用されています。その場合、と畜検査員が、と畜場内でのと畜場法上の監視・検査と、と畜場に併設された食品衛生法の食肉処理業の許可を有する施設での監視を食品衛生監視員として行っています。

2）と畜検査に合格した枝肉の流通経路

　枝肉の衛生は、消費者に提供されるまで、食品衛生法に基づき管理されます。枝肉は購入した食肉処理業者や食肉製品製造業者等に運ばれます。

　食肉処理業の許可を有する施設では枝肉の脱骨作業や小分けカットがされます。カットされた食肉は、食肉販売業の許可を有する小売店で販売、飲食店営業の許可を有する飲食店で調理・提供されます。現在は、小売の形態（スライスした食肉を容器包装に入れパックした形態）まで食肉処理業で実施し、それを食肉販売業や飲食店営業に提供することが多くなっています。

Column　牛トレーサビリティ制度

　牛トレーサビリティ制度とは、牛海綿状脳症（BSE）のまん延防止措置の的確な実施を図るため、牛を個体識別番号により一元管理するとともに、生産から流通・消費の各段階において個体識別番号を正確に伝達することにより、消費者に対して個体識別情報の提供を促進しています。牛の個体識別のための情報の管理及び伝達に関する特別措置法（以下、「牛トレサ法」と略）によって、国内で飼養される、原則、すべての牛（輸入牛を含む）には個体識別番号がついています。販売時に表示されている個体識別番号から生産流通履歴情報を「牛の個体識別情報検索サービス：https://www.id.nlbc.go.jp/top.html?pc」より調べることができます。

　牛トレサ法に基づき、牛の管理者（肉用牛農家、酪農家など）は牛の両耳への耳標の装着や出生の届出等を行うこと、特定牛肉（枝肉や部分肉、精肉（牛肉加工品、ひき肉、牛肉の整形に伴い副次的に得られた、くず肉を除く））販売業者は当該牛肉の個体識別番号の表示や帳簿の備付け等を行うこと、特定料理（焼き肉、しゃぶしゃぶ、すき焼きおよびステーキ）提供業者は、提供する特定料理に係る牛の個体識別番号の表示や帳簿の備付け等を行うことが必要です。

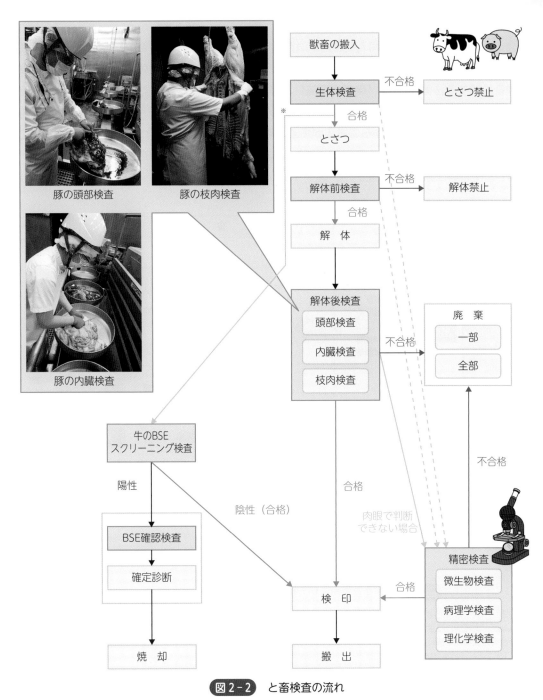

図2-2 と畜検査の流れ

※生後24か月齢以上の牛のうち、と畜検査員が「生体検査において運動障害、知覚障害、反射または意識障害等の神経症状が疑われたものおよび全身症状を呈する牛」と判断した場合にBSEスクリーニング検査を実施する。
　処理日の最後にとさつし、解体前検査、解体後検査を実施、陰性ならば合格。

写真：山形県庄内食肉衛生検査所 提供

（2）食鳥処理場

　図2-3に、国産食鳥肉・輸入食鳥肉が消費者に届くまでの主な経路を示します。家きんは養鶏場等の生産農場から食鳥処理場に出荷されます。食鳥処理場は「食鳥処理の事業の規制及び食鳥検査に関する法律（以下、「食鳥検査法」と略）」に基づき管理されます。食鳥処理場は食鳥（鶏、あひる、七面鳥、およびその他政令で定めるもの）が「とたい」*1になる場所です。食鳥処理場では、契約生産農場からの搬入が多く、購買者による競りは行われません。輸入食鳥肉も、食鳥処理場に搬入されたものと同様に、食肉処理業者、食肉製品製造業者、食肉販売業者、飲食店営業者等に売買されます。

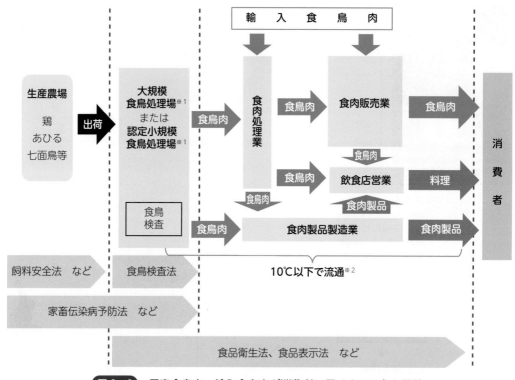

図2-3 国産食鳥肉・輸入食鳥肉が消費者に届くまでの主な経路

※1 認定小規模食鳥処理場とは、年間の処理羽数が30万羽以下の食鳥処理場のことで、食鳥処理衛生管理者が常駐、食鳥検査員が定期的に臨場し食鳥検査を実施。年間処理羽数が30万羽を超える大規模食鳥処理場では、食鳥処理衛生管理者と食鳥検査員が常駐し食鳥検査を実施。大規模食鳥処理場の多くは、食肉処理業を有する施設が併設がされています。

※2 10℃以下（冷凍の場合は−15℃以下）で管理しなければなりません。

・・

＊1とたい：食鳥処理場でとさつ、脱羽された食鳥で、脱羽後検査を合格した内臓がまだ入った状態のもの、いわゆる「丸とたい」と、内臓を取り出し内臓摘出後検査を合格したもの、いわゆる「中抜とたい」がある。

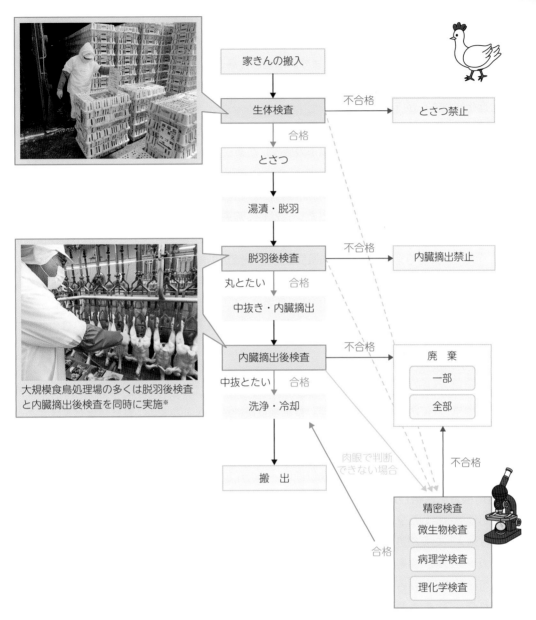

図 2-4 大規模食鳥処理場における食鳥検査の流れ

※脱羽後検査と内臓摘出後検査の同時検査：①食鳥を吊るしているシャックルのトロリーの間隔が15cm以上のオーバー
　ヘッドコンベアが設置されていること。②食鳥中抜とたいの裏面を望診できる鏡が、検査場所の適当な位置に設置されて
　いること。以上の①②を満たせば同時検査が可能である。

　　　　　　　　　　　　　　　　　　　　　　　写真：一般社団法人岩手県獣医師会　食鳥検査センター　提供

1）食鳥検査による食鳥肉の安全性確保

　食鳥は、食鳥処理場において、生体検査、脱羽後検査、内臓摘出後検査などを経て、とたいと
なります（**図2-4**）。大規模食鳥処理場では、食鳥検査法に基づき、食鳥処理衛生管理者が1羽

ごとに異常の有無等を確認*²します。その後、食鳥検査員（獣医師）は食鳥処理衛生管理者が異常と認めたものを、さらに詳しく検査・判定を行うなどの食鳥検査を実施します。よって、食鳥検査に合格したものだけが出荷されます。なお、食鳥処理場内での食鳥検査で判断できないものは、より詳しく検査をするために、食鳥衛生検査センター等で精密検査（微生物検査、病理学検査、理化学検査）が行われます。

　食鳥処理場には、大規模食鳥処理場（年間処理羽数が30万羽を超える施設）と、認定小規模食鳥処理場（年間処理羽数が30万羽以下の施設）があります。

a．大規模食鳥処理場

　大規模食鳥処理場では、食鳥処理衛生管理者と食鳥検査員が常駐しています。食鳥検査で合格したとたいは、「丸とたい」や「中抜とたい」として流通します。なお、「丸とたい」はまだ食鳥検査が終了していないものであるため、流通が限定的で「大規模食鳥処理場→認定小規模食鳥処理場」、「大規模食鳥処理場→届出食肉販売業者*³→認定小規模食鳥処理場」のみで流通しています。「中抜とたい」は食鳥検査が終了したものであり、食肉処理業など食品衛生法の営業許可を有する施設に販売されます。大規模食鳥処理場は、食肉処理業を有する施設を併設していることが多く、「中抜とたい」は、そのまま食肉処理施設へと進み、もも、むね、ささみ等の各部位にカット・包装され流通します。

b．認定小規模食鳥処理場

　認定小規模食鳥処理場では、食鳥処理衛生管理者が常駐し、1羽ごとに異常の有無等を確認*²し、異常のものを排除しています。食鳥検査員は定期的に臨場し、食鳥検査を実施するとともに、異常鳥や異常な肉・内臓などの判別が適正に行われているか否かなどを確認しています。認定小規模食鳥処理場も「丸とたい」や「中抜とたい」を生産し流通しています。ただし、「丸とたい」の流通は「認定小規模食鳥処理場→他の認定小規模食鳥処理場」に限定されます。

2）食鳥検査に合格した食鳥肉の流通経路

　食鳥処理で合格した食鳥肉は、消費者に提供されるまで、食品衛生法に基づき管理されます。食鳥肉は購入した食肉処理業者や食肉製品製造業者等に運ばれます。食肉処理業の許可を有する施設でカットされた食鳥肉は、食肉販売業の許可を有する小売店に運ばれ販売、または飲食店営業の許可を有する飲食店で調理・提供されます。現在は小売の形態（小分けした食鳥肉を容器包装に入れパックした形態）まで食肉処理業で実施し、それを販売することが多くなっています。

3 食肉に係る主な営業種について

　食品衛生法で定める営業許可業種のうち、食肉に関係する主な営業種について紹介します。

＊2：食鳥処理衛生管理者は食鳥の生体の状況や体表・内臓・体壁の内側面の状況の確認を行っている。生体の状況の確認は食鳥検査法施行規則別表第9、体表・内臓・体壁の内側面の状況の確認は同規則別表第8のとおり実施することによって、異常のある鳥や肉・内臓を排除している。
＊3：届出食肉販売業者は、自治体からすでに食肉販売業の許可を受けている者が、さらに自治体に届出食肉販売業者届を提出する。届出食肉販売業者は丸とたいを移動させるのみで、解体作業はできない。

（1）食肉処理業

　食肉処理業は、と畜場や食鳥処理場でとさつ・解体された鳥獣の肉・内臓等を分割・細切する営業をいいます。輸入された食肉も同様に処理対象です。また、食用の目的でシカ、イノシシ、クマ等の野生鳥獣をとさつもしくは解体し、得られた肉・内臓等を分割・細切する営業も含まれます（図2-5）。野生鳥獣を捕獲場所の近くで食肉処理を行うための、自動車を用いた移動式食肉処理業も認められています（p.117参照）。なお、食肉処理業の許可を受けた施設で、細切した食肉を小売り販売する場合には食肉販売業の許可は必要としません。

（2）食肉製品製造業

　食肉製品製造業は、ハム、ソーセージ、ベーコンおよびその他これらに類するもの（以下、「食肉製品」と略）を製造（加工）する営業です。また、食肉製品とあわせて食肉もしくは食肉製品を使用したそうざい（牛肉コロッケ、肉ギョウザ等）を製造する場合、そうざい製造業の許可は必要ありません。さらに、食肉製品製造業で食肉製品を製造するために同一施設内において食肉の処理を営む場合や細切した食肉の小売を営む場合は、食肉処理業の許可も必要ありません。

　食肉製品製造業を営むためには、食品衛生法第48条の規定により食品衛生管理者の設置が必要です（p.84参照）。

（3）食肉販売業

　食肉販売業は、鳥獣の生肉（骨・臓器を含む）を販売する営業をいいます。ただし、食肉を容

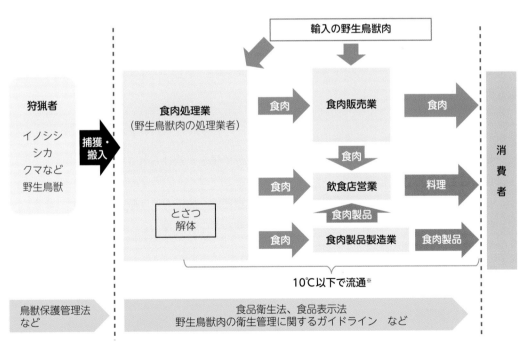

図2-5　国産および輸入の野生鳥獣肉が消費者に届くまでの主な経路

※ 10℃以下（冷凍の場合は-15℃以下）で管理しなければなりません。

器包装に入れられた状態で仕入れ、そのままの状態で販売する場合は、食肉に直接ふれる行為が伴わないことから、食品衛生上のリスクが高くないため、営業許可の必要はなく、営業届出の対象となります。

　食肉販売業の施設で未加熱のとんかつ、メンチカツ、コロッケ等の半製品をつくって販売する場合は、食肉販売業の許可の範囲ですので、他の許可は必要ありません。ただし、これら半製品を調理し、完成品を調理販売する場合は、簡易な飲食店営業の許可が必要となります。この場合、食肉を取り扱う区域と完成品であるそうざい等を取り扱う区域で、設備の区分使用や器具の洗浄・消毒等、衛生管理を徹底することが求められます。

（4）飲食店営業

　飲食店営業は、食品を調理し、または設備を設けて客に飲食させる営業をいいます。食肉処理業や食肉販売業から仕入れた食肉類は、飲食店営業で調理され、消費者に料理として提供されます。街の飲食店から、大規模なホテルや宴会場、集団給食施設などまで、広範囲の施設があります。

　また、飲食店営業のうち、簡易な営業については、飲食店営業の施設基準が一部緩和されます。簡易な飲食店営業の対象となる調理の具体例としては、

- 既製品（そのまま喫食可能な食品）を開封、加温、盛り付け等して提供する営業：食品例（そうざい、ハム、ソーセージ、スナック菓子、缶詰、おでん等）
- 半製品を簡易な最終調理（揚げる、焼く等）を行い提供する営業：食品例（唐揚げ、フライドポテト、ソフトクリーム等）
- 米飯を炊飯、冷凍パン生地を焼成する営業
- 既製品（清涼飲料水、アルコール飲料等）および既製品以外の自家製ジュース、コーヒー等の飲料を提供する営業

などが想定されています。

Column　営業許可業種・営業届出業種について

　食品衛生法では、営業について以下のような区分で規定が設けられています。

①食品衛生法の要許可業種

　食中毒リスクや公衆衛生上影響が高い製造業、調理業、加工を伴う販売業などで、飲食店営業、食肉処理業、食肉販売業、食肉製品製造業などの32業種

②食品衛生法の要届出業種

　①要許可業種と③届出が不要な業種以外の営業が届出の対象。温度管理等が必要な包装食品の販売業、保管業など

③届出が不要な業種

　食品衛生上のリスクが低いと考えられる業種を営む者。食品または添加物の輸入をする営業、運搬業、容器包装に入った長期間常温で保存可能な食品の販売など

第 3 章

食肉にひそむ危害要因

第 3 章

食肉にひそむ危害要因

　食品中に含まれ、ヒトの健康に悪影響をもたらす可能性のある物質や状態を「危害要因」といいます。危害要因は生物的・化学的・物理的の３つに分けて整理されます。食肉の生物的危害要因としては、動物がり患している感染症および腸内に保菌されていたり、外皮に付着している食中毒病因物質の食肉への二次汚染があります。化学的危害要因は、動物用医薬品・飼料添加物・農薬の残留、機械潤滑剤・消毒剤の付着、特定原材料に準ずるものの表示等があります。物理的危害要因は、金属（折れた注射針や散弾銃の鉛弾など）の残留、骨片の残留などがあります。

1　生物的危害要因（表３−１）

（1）カンピロバクター・ジェジュニ／コリ（*Campylobacter jejuni/coli*）

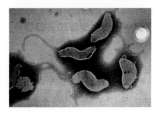

　本菌は多くの動物（鶏、豚、牛、イヌ、ネコ、ハト、水鳥など）の腸管内に生息しています。牛糞便の８割、豚糞便の６割、鶏糞便の５割から本菌が分離されますが、牛、豚、鶏は臨床症状等を示しません。また、酸素が少ない環境（５〜10％）を好むので腸管内で生育しています。肉への汚染はとさつ・解体作業により発生します。市販鶏肉の５割以上からカンピロバクターが検出された報告もあります。

1）汚染経路

　ヒトが本菌に汚染された肉を生または加熱不十分な状態で喫食する、または、汚染肉の加工・調理・保存・取扱い過程などで二次汚染したカンピロバクターがなんらかの経路でヒトの口に入ることにより発症する場合があります。また、野生動物の糞便中にある本菌により汚染された未殺菌の井戸水や湧水の摂取で、食中毒が起きたこともあります。

2）原因食品

　生または加熱不十分な鶏肉（鳥刺し、鳥たたき、鶏わさ等）が原因食品となる食中毒事例が多く報告されています。本菌は胆汁に抵抗性があるので、胆汁中や肝臓内に生存します。よって、牛、豚、鶏の肝臓（レバー）が原因となることがあります。なお、牛肝臓は2012年（腸管出血性大腸菌対策）、豚肉および豚内臓は2015年（E型肝炎ウイルス対策）から生食用として販売・提供することが禁止されています。

3）発症までの期間・症状

　カンピロバクターは加熱（75℃・１分間以上）や乾燥に弱いですが、比較的少量の菌（100〜1,000個程度）の摂取で発症することがあります。

表3-1 食肉等にひそむ生物的危害要因

生物的危害要因	主な原因食肉等	潜伏期間・症状等
細　菌		
カンピロバクター・ジェジュニ／コリ	鶏肉	潜伏期間が長い（2～5日）、下痢・腹痛・発熱、まれにギラン・バレー症候群を発症する場合がある。少量の菌でヒトは発症
サルモネラ属菌	鶏肉、豚肉	8～48時間、下痢・腹痛・発熱、ときに嘔吐。少量の菌でヒトは発症
腸管出血性大腸菌	牛肉	潜伏期間が長い（3～7日）、下痢（水様性の便から血便へ）・腹痛・発熱。重症化すると溶血性尿毒症症候群（HUS）や脳症を発症。少量の菌でヒトは発症
その他の病原大腸菌　毒素原性大腸菌	食肉	12～72時間、激しい水様性下痢・比較的軽い腹痛・発熱はまれ
腸管侵入性大腸菌	食肉	12～48時間、水様性下痢・腹痛、患者の一部は血便・発熱
腸管病原性大腸菌	食肉	12～24時間、下痢・腹痛・嘔吐・軽度の発熱
腸管集合性大腸菌	食肉	潜伏期間は不明、粘液を多く含む水様性下痢と腹痛が2週間以上継続
ウエルシュ菌	食肉	8～12時間、軽い下痢と腹痛。調理後室温放置した鍋物料理で発生することが多い
エルシニア・エンテロコリチカ	豚肉	2～5日、下痢・腹痛・発熱（虫垂炎症状を呈することもある）。4℃以下の低温条件で増殖が可能
リステリア・モノサイトゲネス	牛肉、ハム・チーズ	1日～3週間、発熱・頭痛・嘔吐、重症化すると髄膜炎、敗血症。妊婦は流産や胎児がリステリア症になることがある。4℃以下の低温条件で増殖が可能
ウイルス		
E型肝炎ウイルス	豚肉、イノシシ肉、シカ肉	潜伏期間が長い（15～50日）、黄疸症状・灰白色便・発熱・下痢・腹痛・吐き気・嘔吐・全身倦怠感。妊婦がり患すると劇症肝炎等の重症化
寄生虫		
サルコシスティス（住肉胞子虫）	馬肉	5～19時間、一過性の下痢・嘔吐・嘔気・腹痛等
	牛肉、豚肉、イノシシ肉、シカ肉	3～6時間、一過性の下痢・嘔吐・嘔気・腹痛等
トリヒナ（旋毛虫）	クマ肉（イノシシ肉）	感染後5～20日：腹痛・下痢（消化管侵襲期） 感染後2～6週：眼窩周囲の浮腫・発熱・筋肉痛・皮疹（幼虫筋肉移行期） 感染後6週以降：軽症ならば回復、重症ならば貧血、全身浮腫、心不全、肺炎等で死亡することがある
トキソプラズマ	豚肉	健常者は不顕性感染。妊娠中の初感染では死流産、死産をまぬがれた場合でも水頭症、脈絡網膜炎、精神運動障害
プリオン（感染性蛋白質）		
伝達性海綿状脳症（transmissible spongiform encephalopathy；TSE）	牛（BSE）めん羊、山羊（スクレイピー）	ヒトの潜伏期間、症状は明確ではない。牛の潜伏期間は5～5.5年で、異常行動、運動失調などの神経症状を示す。めん羊・山羊の潜伏期間は2～5年で、掻痒症、脱毛、運動失調などの症状を示す

2～5日間の潜伏期間の後に下痢（水様便、軟便、粘血便、1日数回～10数回に及ぶ）、腹痛および発熱（37～40℃）などの胃腸炎症状を示します。胃腸炎症状が治った数週間後、まれにギラン・バレー症候群という自己免疫性末梢神経疾患（手指や四肢のしびれ、震え、麻痺等）を発症する場合があります。

（2）サルモネラ属菌（*Salmonella* 属菌）

サルモネラ属菌は種や亜種、血清型と呼ばれる分類があり、血清型では2,500型ほどあります。本菌は多くの動物（鶏、豚、イヌ、ネコ、爬虫類、魚類など）の腸管内に生息しています。豚糞便の1割、鶏糞便の5割から本菌が分離されますが、豚、鶏は臨床症状等を示しません。市販鶏肉の約5割からサルモネラ属菌が検出された報告もあります。

1）原因食品、汚染経路

近年のサルモネラ食中毒は肉由来および鶏卵由来ともに発生しています。ヒトがサルモネラに汚染された食品を加熱不十分な状態で喫食する、または、汚染食品の加工・調理・保存・取扱い過程などで二次汚染したサルモネラがなんらかの経路でヒトの口に入ることにより発症する場合があります。

2）発症までの時間・症状

サルモネラは加熱（75℃・1分間以上）に弱いですが、乾燥には強いことが知られています。サルモネラ属菌の種類によっては少量の菌（数10個）の摂取で発症することがあります。

8～48時間の潜伏期の後に下痢、腹痛、発熱を主症状とする急性胃腸炎を起こします。ときに嘔吐をする場合があります。また、発熱は急激で、38～40℃に及ぶこともあります。

（3）腸管出血性大腸菌（Enterohemorrhagic *Escherichia coli*；EHEC）

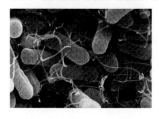

本菌は、Vero（ベロ）細胞に対する細胞毒性を有することからVero毒素産生性大腸菌（Vero toxin-producing *E.coli*；VTEC）、また、この毒素は赤痢菌が産生する志賀毒素と同じ毒の効果を有することから、志賀毒素産生性大腸菌（Shiga toxin-producing *E.coli*；STEC）とも呼ばれます。志賀毒素を産生する大腸菌はEHECとなります。血清型O157、O26、O111は患者から多く分離されるEHECです。しかし、血清型O157でも赤痢毒素非産生株はEHECではありません。EHECは「感染症の予防及び感染症の患者に対する医療に関する法律」（以下、「感染症法」と略）の三類感染症であり、かつ、食品衛生法の食中毒対象疾病であることから、EHEC患者はすべて保健所が把握し、疫学調査にともなう、感染源調査や拡散防止措置がとられています。

EHECは牛を代表とする反芻動物の腸管内に生育しています。わが国の肥育牛の糞便の2割から分離されますが、牛は臨床症状等を示しません。

1）汚染経路

EHEC に汚染された肉を生または加熱不十分な状態で喫食する、または、汚染肉の加工・調理・保存・取扱い過程などで二次汚染した EHEC がなんらかの経路で口に入ることにより発症する場合があります。なお、前述のとおり、牛肝臓は2012年に EHEC 対策から生食用としての販売・提供が禁じられています。

2）発症までの期間・症状

EHEC は加熱（75℃・1分間以上）に弱いことが知られています。また、少量の菌（10個程度）の摂取でヒトは発症することがあります。潜伏期間は3～7日で、下痢（水様性の便から血便へ）と激しい腹痛、発熱を示します。腎機能が低下する溶血性尿毒症症候群（HUS）や脳症を併発することもあります。本菌による感染症・食中毒で亡くなる場合もあります。

> **Column　牛のと畜場における汚染対策**
>
> 牛のと畜場での処理では、食道は結さつ、肛門はビニール袋で覆ってから結さつをして、腸内容物が漏れ出して、枝肉等を汚染しないようにしています。また、「ゼロトレランス」といって、枝肉の表面が、目視できる糞便、消化管内容物、乳房内容物に汚染された場合は、滅菌ナイフでその汚染部分を完全にトリミングすることを行っています。

（4）その他の病原大腸菌

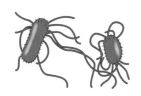

本菌は腸管出血性大腸菌を除く、病原性を保有する大腸菌（*Escherichia coli*）で、動物の腸管内や環境に広く分布しています。病原性を保有する大腸菌は、病原大腸菌（下痢原性大腸菌）と総称され、主に毒素原性大腸菌、腸管侵入性大腸菌、腸管病原性大腸菌、腸管集合性大腸菌、腸管出血性大腸菌の5つに分類されます。ここでは腸管出血性大腸菌を除く4つについての症状等を概説します。

1）汚染経路

ヒトが病原大腸菌に汚染された肉を生または加熱不十分な状態で喫食する、または、汚染肉の加工・調理・保存・取扱い過程などで二次汚染した病原大腸菌がなんらかの経路でヒトの口に入ることにより発症します。

2）発症までの時間・症状

a. **毒素原性大腸菌**：潜伏期間は12～72時間で、激しい水様性下痢を主症状とし、腹痛は比較的軽く、発熱もまれ。

b. **腸管侵入性大腸菌**：潜伏期間は12～48時間で、水様性の下痢、腹痛、少数の患者は血便、発熱を主症状とする。

c. **腸管病原性大腸菌**：潜伏期間は12～24時間で、腹痛、嘔吐、軽度の発熱を主症状とする。

d. **腸管集合性大腸菌**：潜伏期間は不明、粘液を多く含む水様性下痢と腹痛が2週間以上継続する。

（5）ウエルシュ菌（*Clostridium perfringens*）

　　ウエルシュ菌は偏性嫌気性桿菌（酸素がない条件で発育）で、芽胞（細菌の生育環境が悪化した際に形成される、熱や薬剤に対する耐久性の高い細胞）を形成します。ウエルシュ菌の芽胞は100℃で1〜6時間でも生残するものもあります。

1）食中毒の発症機序

　ウエルシュ菌は動物の腸管内や土壌に生存しています。食肉はとさつ・解体作業等で腸管から汚染されていることがあります。

　ここにウエルシュ菌食中毒の典型的な発症機序を示します。大鍋で煮物やカレーなどの調理を行うと、ほとんどの細菌は死滅しますが、ウエルシュ菌は芽胞を形成しているので生残します。また、鍋の中は酸素がない嫌気状態となります。そのまま大鍋を室温で放置し温度が50℃くらいになると、芽胞が発芽し栄養型（再び細菌に復元し、増殖する状態）となります。さらに、ウエルシュ菌の増殖至適温度（43〜45℃）付近になると、増殖を開始します。ウエルシュ菌の増殖至適温度帯での分裂時間は約10分であり、その結果、早ければ数時間後には鍋の食品中には大量のウエルシュ菌が生存することになります。この状態の食品（ウエルシュ菌量10万個/g以上）をヒトが摂取すると、多量のウエルシュ菌が腸内に到達します。ヒトの体温は本菌の増殖至適温度より低いので腸内で芽胞を形成します。芽胞形成時にエンテロトキシンという腸管毒素を産生するため、ヒトは胃腸炎症状を発症します。

2）発症までの時間・症状

　潜伏期間は8〜12時間で、下痢と下腹部の腹痛を主症状とする胃腸炎を起こします。比較的軽症で、ほぼ1日で回復します。

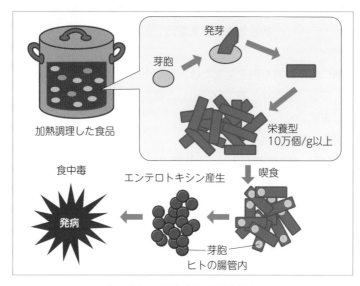

ウエルシュ菌食中毒の発症機序

（6）エルシニア・エンテロコリチカ（*Yersinia enterocolitica*）

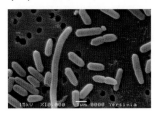

エルシニアは、動物（特に豚）の腸管内に生育しています。豚糞便の１割から本菌が分離されますが、豚は臨床症状等を示しません。本菌は４℃以下の低温環境でも増殖します。発育温度は０～42℃ですが、至適発育温度は25～30℃です。

1）汚染経路

ヒトが本菌に汚染された肉（特に豚肉）を生または加熱不十分な状態で喫食する、または、汚染肉の加工・調理・保存・取扱い過程などで二次汚染したエルシニアが、なんらかの経路でヒトの口に入ることにより発症する場合があります。

2）発症までの期間・症状

潜伏期間は２～５日で、下痢、腹痛、発熱を主症状とする胃腸炎を起こします。激しい腹痛の場合は虫垂炎（盲腸炎）の症状を示します。

（7）リステリア・モノサイトゲネス（*Listeria monocytogenes*）

リステリアは、動物（特に牛）の腸管内に生育しています。牛糞便の約１割から本菌が分離されますが、牛は臨床症状等を示すことはほとんどありません。

本菌は人獣共通感染症起因菌です。牛やめん羊などの家畜や、それらの飼養者がリステリア症を発症した場合は、髄膜炎、敗血症、流産を引き起こす可能性があります。1980年頃から欧米で、食品を介した集団リステリア食中毒が増加し、死亡事例もあります。

1）原因食品

原因食品は非加熱喫食調理済み食品（Ready-To-Eat（RTE）食品）、生ハム、チーズ、野菜などです。2014年、非加熱食肉製品（生ハム等）とナチュラルチーズ（ソフト、セミハード）1g 当たり、リステリア・モノサイトゲネス100個以下の基準が設定されています。

2）汚染経路

リステリアは4℃以下の低温でも増殖できるため、消費者が小売店から食品を購入後、長期間冷蔵庫に保管したものを、そのままの状態で喫食するなど、冷蔵庫保存過程等で食品に付着したリステリアがなんらかの経路でヒトの口に入ることにより発症する場合があります。

3）発症までの期間・症状

潜伏期間は１日～３週間です。胃腸炎症状はなく、発熱、頭痛、嘔吐などで、感染初期はインフルエンザに似た症状です。妊婦が感染すると、リステリアが胎児に感染し、流産や生まれた新

エルシニア・エンテロコリチカの写真：内閣府食品安全委員会ホームページ
(https://www.fsc.go.jp/sozaishyuu/shokuchuudoku_kenbikyou.data/Yersinia_enterocolitica_10000-01.jpg)

生児が感染し敗血症や髄膜炎等の症状を呈する場合もあります。

（8）E型肝炎ウイルス（Hepatitis E virus：*Hepeviridae Hepevirus*；HEV）

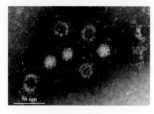

HEVによる感染症は感染症法の四類感染症に指定されています。発展途上国では不衛生な水を摂取することで発症しますが、わが国では1）に記述する感染経路が主です。HEVはウイルスの中では比較的熱の抵抗性がありますが、食肉の中心部まで火が通るように十分に加熱すれば、食肉による感染の危険性はありません。

1）感染経路

子豚はほぼ100％が母豚からの授乳中に感染し、肥育期間中はウイルスを保有しています。ヒトは、豚肉、イノシシ肉、シカ肉およびそれらの内臓を生または加熱不十分な状態で喫食することで感染することがあります。

2）発症までの期間・症状

潜伏期間は15〜50日（平均6週間）で、気分が悪くなり、食欲不振、発熱、頭痛、腹痛等の消化器症状を伴う急性肝炎を呈し、褐色の尿を伴った強い黄疸が出現し、まれに劇症化する場合があります。妊婦がHEVに感染して発症した場合には、劇症化する率が高いとされています。症状が出ている間は、患者の糞便からは大量のHEVが排出されるので、他の人への感染源となります。なお、前述のとおり、豚肉および豚内臓は2015年（E型肝炎ウイルス対策）から生食用としての販売・提供が禁止されています。

（9）寄生虫

サルコシスティス（住肉胞子虫）（*Sarcocystis* 属）

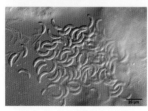

サルコシスティスのブラディゾイト

サルコシスティスは原虫に分類される寄生虫です。馬には*Sarcosystis fayeri*、*S.bertrami*、*S.neurona, S.porcifelis*、牛には*S.hominis*、*S.cruzi*、*S.hirsuta*、豚・イノシシには*S.suihominis*、*S.miescheriana*、めん羊には*S.tenella*、*S.gigantea*、山羊には*S.capracanis*、*S.hircicanis*、シカには多種の*S.sybillensis*、*S.wapiti*、*S.truncate* 等が筋肉中に生息しています。食肉に寄生しているサルコシスティスは加熱する、または、冷凍することで死滅します。

1）発症までの時間・症状

ヒトが、馬、牛、豚などの獣畜やイノシシやシカなどの野生動物の肉を生または加熱不十分な状態で喫食することで、一過性の下痢、嘔吐、嘔気、腹痛等の症状を発症することがあります。まだ不明なことが多いですが、馬肉（*S.fayeri*）によるサルコシスティス症では、喫食後5〜19時間

E型肝炎ウイルスの写真：国立感染症研究所ホームページ（https://www.niid.go.jp/niid/ja/kansennohanashi/319-hepatitis-e-intro.html）
サルコシスティスのブラディゾイトの写真：八木田 健司（国立感染症研究所 寄生動物部）提供

で、牛肉（*S.hominis*）、豚肉（*S.suihominis*）によるサルコシスティス症では、喫食後3〜6時間で発症します。発症しても、これらのサルコシスティスがヒトの筋肉に寄生することはありません。

トリヒナ（旋毛虫）（*Trichinella* 属）

トリヒナ（脱嚢した幼虫）

トリヒナは線虫に分類される寄生虫です。わが国では野生動物（クマ、タヌキ、アライグマ）からトリヒナ（*Trichinella spiralis*、*T.nativa*、*T.*T9）が検出されています。

1）感染経路

わが国でのトリヒナ症は、すべてクマ肉を加熱不十分な状態で喫食した事例です。筋肉中のトリヒナは加熱すれば死滅します。トリヒナは一般的に冷凍処理でも死滅しないこともあり、解凍したクマ肉を加熱不十分な状態で喫食し、感染した事例もあります。世界的にみると豚肉も感染リスクがありますが、わが国の家畜からトリヒナが確認された報告はありません。

2）発症までの期間・症状

寄生虫のさまざまな発育ステージで発症するので、潜伏期間は不定です。2016年にクマ肉を生食した事例では、喫食後5〜20日に病院を受診しています。

ヒトが感染肉を食べると、幼虫がただちに消化管粘膜に侵入して成虫となり幼虫を産みはじめます。この時期の症状は気分が悪くなり、腹痛、下痢等が起きます（消化管侵襲期）。感染後2〜6週の間は幼虫が体内を移行し筋肉へ運ばれる時期で、眼窩（がんか）周囲の浮腫、発熱、筋肉痛、皮疹が現れます。筋肉痛は特に咬筋（こうきん）、呼吸筋に強く、摂食や呼吸が妨げられます。幼虫の通過により心筋炎を起こし、死亡することがあります（幼虫筋肉移行期）。感染から6週以後は幼虫が体中の横紋筋で披嚢（ひのう）する（皮をかぶって次の動物に寄生するのをじっと待機する）時期です。軽症の場合は除々に回復しますが、重症の場合は貧血、全身浮腫、心不全、肺炎等で死亡することもあります。

トキソプラズマ（*Toxoplasma gondii*）

トキソプラズマは原虫に分類される寄生虫です。

1）感染経路

トキソプラズマはオーシスト→タキゾイト→シストと形を変化させます。オーシストは猫の糞に混ざり排泄されます。排泄されたオーシストは休止状態にあり、環境中で1年以上感染性を示します。ネズミや豚が経口摂取すると体内でタキゾイトになり分裂

トリヒナ（脱嚢した幼虫）の写真：国立感染症研究所 提供
トキソプラズマの写真：国立感染症研究所ホームページ（https://www.niid.go.jp/niid/ja/kansennohanashi/3009-toxoplasma-intro.html）

して増殖します。この増殖している時期に症状が現れます。感染しているネズミや豚の免疫力が増加するとタキゾイトはシストになり体内に生存しています。

　ヒトは豚肉や豚の内臓を生または加熱不十分な状態で食べることでトキソプラズマに感染します。また、猫は肛門や体中をなめる（グルーミング）ことをするため、猫の体表にオーシストが付着していることもあり、ヒトが猫を抱いたり、さわったりすることで、手にオーシストがつき、経口的にオーシストを摂取し感染することもあります。

２）発症までの期間・症状

　妊婦が初めてトキソプラズマに感染すると、子宮内の胎児が感染し、胎児は先天性トキソプラズマ症を発症します。妊娠前にすでに抗体を保有していれば問題はありません。妊娠中の感染では死流産となります。死産をまぬがれた場合でも、水頭症、脈絡網膜炎、精神運動障害の症状が認められます。

　健常者は不顕性感染（感染はしても症状が出ない感染）で終わることが多いですが、リンパ節炎、脈絡網膜炎を発症することがあります。免疫不全状態の人がり患すると、死亡することもあります。

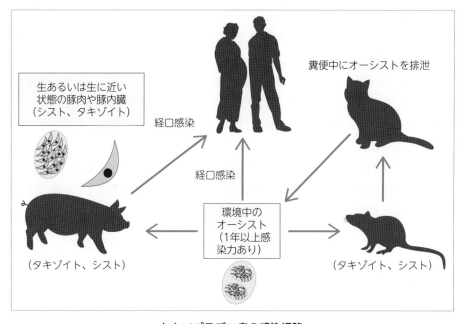

トキソプラズマ症の感染経路

(10) プリオン（感染性蛋白質）

　動物には正常プリオン蛋白質（PrPC）が存在しています。この正常プリオン蛋白質の構造異性体である異常プリオン蛋白質（PrPSc）が脳内に蓄積することで、伝達性海綿状脳症（TSE）という神経性の病気を発症します。牛海綿状脳症（BSE）、めん羊・山羊のスクレイピー、鹿慢性消耗病（CWD）は、家畜の伝達性海綿状脳症として、わが国の家畜伝染病予防法の法定伝染病に指定されています。

1）牛海綿状脳症（BSE）

　牛の潜伏期間は 5 〜 5.5年で、症状は異常行動、運動失調などの神経症状を示し、最終的には死に至ります。2001年に国内飼育牛で発生がありましたが、牛由来の肉骨粉の給餌の禁止など各種対策を講じたために、最後の BSE 感染牛は2009年です。2013年には、わが国は国際獣疫事務局（OIE）から「無視できる BSE リスク」の国と認定されました。

2）めん羊・山羊のスクレイピー

　めん羊・山羊の潜伏期間は 2 〜 5年で、症状は掻痒症（そうよう）、脱毛、運動失調、異常歩様、音や光に対する過敏、削痩、異常な咀嚼（そしゃく）行動、多飲および少量の頻回尿ですが、これらは必発ではありません。

　わが国において、めん羊・山羊のスクレイピーは発生しています。しかし、と畜場法施行規則により、伝達性海綿状脳症はとさつおよび解体が禁止されており、市場に感染動物が食肉として流通することはありません。めん羊・山羊のスクレイピーは人獣共通感染症ですが、ヒトの潜伏期間や症状に関する明確な文献は見当たりません。

3）鹿慢性消耗病（CWD）

　シカの潜伏期間は数年で、進行性に削痩、衰弱、流涎（りゅうぜん）（よだれを流す）等の症状を呈し、最終的には死に至ります。わが国での発生は認められていません。

2　化学的危害要因

（1）動物用医薬品・飼料添加物・農薬の残留

　飼養され、動物用医薬品・飼料添加物等の投与が行われる家畜は、指定されている休薬期間を遵守し、と畜場・食鳥処理場に搬出しなければなりません。牧草などの粗飼料に農薬等が混入しないように注意をしなければなりません。

（2）機械潤滑剤、消毒剤の付着

　と畜場、食鳥処理場、食肉処理業、包装されていない食肉の小分け販売を行う食肉販売業では、食品の加工工程で使用している機械潤滑剤や消毒剤の混入が発生することがあります。施設内で使用している薬品は一般衛生管理で管理することが重要です。

（3）特定原材料に準ずるものの表示

　特定原材料に準ずるものとして、食肉では牛肉、鶏肉、豚肉があります。容器包装された加工食品には、可能な限り表示することが推奨されています。なお、表示が義務づけられた特定原材料は、えび・かに・くるみ・小麦・そば・卵・乳・落花生（ピーナッツ）です。

3　物理的危害要因

　物理的危害要因は、経口摂取時にヒトの口腔内や消化管内を傷つけるような硬質なものや鋭利なものの食肉内への混入です。また、のどに詰まらせるものも対象となります。

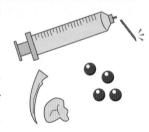

　米国食品医薬品局（FDA）によると、RTE食品では通常7〜25mmの大きさが物理的危害要因で、25mm以上のものは消費者が気づくので危害にならないとされています。7mm以下でも乳児用や高齢者向けの食品の場合は危害になるとされています。

（1）金属（折れた注射針）の残留

　飼養され、治療が行われる家畜は、折れた注射針が筋肉内に残留することがあります。

（2）金属（弾丸）の残留

　野生動物には、弾丸が筋肉中に残留しているものが見受けられます。また、わが国ではほとんどみられませんが、放牧している牛なども散弾銃の鉛弾が筋肉中に残留している場合があります。

（3）骨片の残留

　食肉加工の脱骨の工程で、鋭利な骨片が食肉に混入する場合があります。

第 **4** 章

統計資料からみた
食肉による食中毒の発生状況

統計資料からみた
食肉による食中毒の発生状況

　食中毒統計資料は、厚生労働省から随時公表されており、その年の食中毒事件一覧速報や過去の食中毒発生状況をみることができます。

　保健所は食中毒（または疑い）と診断した医師からの届出がされると、食品衛生法に従い、疫学調査や原因究明のための検査等を実施します。その結果、食中毒と判断した場合、**表4-1**の食中毒の病因物質、摂食者数、患者数、死者数、原因食品などを厚生労働省に報告します。また、腸管出血性大腸菌（VT産生）、コレラ菌、赤痢菌、チフス菌、パラチフスA菌は、「感染症の予防及び感染症の患者に対する医療に関する法律」（以下、「感染症法」と略）の三類感染症にも該当しているので、診断した医師により感染症法に従い、患者は全数が厚生労働省に報告されます。食品由来感染症のE型肝炎ウイルスは、食中毒の病因物質としては「その他のウイルス」に分類されます。E型肝炎ウイルスによる感染症は、潜伏期間が長く食中毒として報告されることは少ないですが、感染症法では四類感染症に該当することから、患者の全数報告で発生状況を把握することができます。

表4-1　食中毒の主な病因物質

細菌	サルモネラ属菌	ウイルス	ノロウイルス
	ぶどう球菌		その他のウイルス （E型肝炎ウイルス[2]など）
	ボツリヌス菌[2]	寄生虫	クドア
	腸炎ビブリオ		サルコシスティス
	腸管出血性大腸菌（VT産生）[1]		アニサキス
	その他の病原大腸菌		その他の寄生虫 （旋毛虫、トキソプラズマなど）
	ウエルシュ菌	化学物質	
	セレウス菌	自然毒	植物性自然毒
	エルシニア・エンテロコリチカ		動物性自然毒
	カンピロバクター・ジェジュニ/コリ	その他	
	ナグビブリオ	不 明	
	コレラ菌[1]		
	赤痢菌[1]		
	チフス菌[1]		
	パラチフスA菌[1]		
	その他の細菌		

感染症法により※1が原因で起こる感染症は三類感染症、※2が原因で起こる感染症は四類感染症のため患者は全数報告

表4-2 各食肉と病因物質との関係

病因物質	牛 肉	豚 肉	鶏 肉	馬 肉	シカ肉・イノシシ肉
サルモネラ属菌		○	●		○
腸管出血性大腸菌（VT 産生）	●			△	●
ウエルシュ菌	○	○	○	○	○
エルシニア・エンテロコリチカ		●			○
カンピロバクター・ジェジュニ / コリ	○	○	●		○
E 型肝炎ウイルス		●			●
サルコシスティス				●	

●：特に強い　　○：あり　　△：二次汚染による感染例あり

表4-2に各食肉と病因物質との関係をまとめました。牛肉の関与が強い食中毒の病因物質は腸管出血性大腸菌（VT 産生）、豚肉はエルシニア・エンテロコリチカ（以下、「エルシニア」と略）とE型肝炎ウイルス、鶏肉はサルモネラ属菌とカンピロバクター・ジェジュニ / コリ（以下、「カンピロバクター」と略）、馬肉はサルコシスティス、シカ肉・イノシシ肉は腸管出血性大腸菌（VT 産生）、E型肝炎ウイルスとサルコシスティスです。第3章でも述べましたが、食肉によって病因物質が異なるという特徴があります。

1 食中毒発生状況（事件数）

（1）食中毒全体

2001～2021年までの、主な病因物質別にみた食中毒事件数の推移を図4-1に示します。2001年からカンピロバクターとノロウイルスの事件数は多く、各年の上位を占めています。カンピロバクターは肉によるもの、ノロウイルスはノロウイルス感染者が調理行為等を介して食品を二次汚染するものが多いです。

2010年以前は、サルモネラ属菌は肉より卵由来の食中毒が多かったのですが、鶏卵の規格基準および表示基準（1999年）が施行されたことなどにより減少しました。腸炎ビブリオは、かつて夏季の生食用鮮魚介類の喫食により多く発生していましたが、生食用鮮魚介類の腸炎ビブリオを対象とした規格基準（2001年）が施行されたことなどにより激減しました。

アニサキスは食肉を原因とする食中毒ではなく、主に魚介類を原因とする食中毒ですが、2013年から食中毒統計に計上される病因物質として登録されて以降、2018年より食中毒事件数の首位です。

（2）食肉で多く発生する病因物質

2013～2021年までの、食肉で多く発生する病因物質別にみた食中毒事件数の推移を**図4-2**

第4章

統計資料からみた食肉による食中毒の発生状況

に示します。カンピロバクターの事件数は150〜350件の間で推移し、常に１位です。サルモネラ属菌、腸管出血性大腸菌（VT 産生）、ウエルシュ菌、エルシニア、サルコシスティスは50件以下ですが、発生すると多数の患者が出たり重篤となる場合があります。

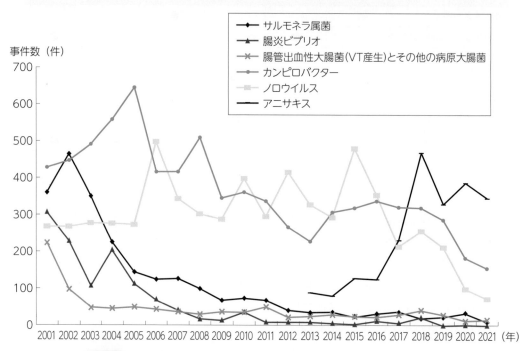

図4-1 主な病因物質別にみた食中毒事件数の推移（2001 〜 2021年）

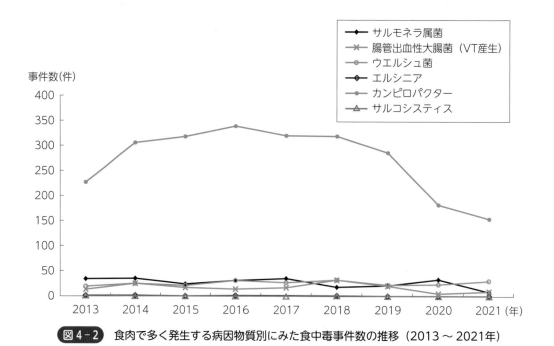

図4-2 食肉で多く発生する病因物質別にみた食中毒事件数の推移（2013 〜 2021年）

2 食中毒発生状況（患者数） ....

（1）食中毒全体

　2001～2021年までの、主な病因物質別にみた食中毒患者数の推移を**図4-3**に示します。2020年を除くすべての年で、ノロウイルスの患者数が1位です。2020年はVTを産生しない「その他の病原大腸菌」の大規模食中毒が2件発生したため、患者数が1位となりました。

（2）食肉で多く発生する病因物質

　2013～2021年までの、食肉で多く発生する病因物質別にみた食中毒患者数の推移を**図4-4**に示します。サルモネラ属菌、ウエルシュ菌、カンピロバクターの患者数はいずれの年でも多く、カンピロバクターについては3,000人を超える年もありました。

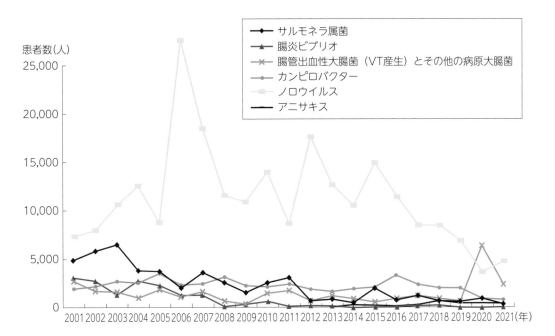

図4-3　主な病因物質別にみた食中毒患者数の推移（2001～2021年）

第4章

統計資料からみた食肉による食中毒の発生状況

51

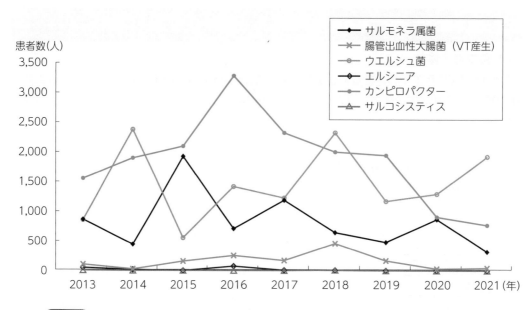

患者数(人)

凡例:
- サルモネラ属菌
- 腸管出血性大腸菌（VT産生）
- ウエルシュ菌
- エルシニア
- カンピロバクター
- サルコシスティス

図 4-4 食肉で多く発生する病因物質別にみた食中毒患者数の推移（2013 ～ 2021年）

3 食中毒事件数、患者数、1事件あたりの患者数および死者数（表4-3）……

　2013～2021年の事件数の合計は9,257件で、最も多いのはカンピロバクターの2,451件（26.5％）、次いでノロウイルス2,309件（24.9％）、アニサキス2,174件（23.5％）、植物性自然毒432件（4.7％）、動物性自然毒254件（2.7％）、サルモネラ属菌239件（2.6％）でした。

　患者数の合計は155,584人で、最も多いのはノロウイルスの81,704人（52.5％）、次いでカンピロバクター 16,717人（10.7％）、ウエルシュ菌13,098人（8.4％）、その他の病原大腸菌12,384人（8.0％）、サルモネラ属菌7,401人（4.8％）、ぶどう球菌4,927人（3.2％）でした。

　「1事件あたりの患者数」で最も多いものは、その他の病原大腸菌の196.6人 / 事件で、次いでナグビブリオ（111.8人 / 事件）、赤痢菌（99.0人 / 事件）、ウエルシュ菌（56.9人 / 事件）、その他の細菌（44.2人／事件）、ノロウイルス（35.4人 / 事件）でした。食肉で多く発生する病因物質である、カンピロバクターとサルモネラ属菌は事件数と患者数で、ウエルシュ菌は患者数と「1事件あたりの患者数」で多い傾向が認められます。

　死者数は計38人で、最も多いのは植物性自然毒の17人、次いで腸管出血性大腸菌（VT産生）11人、動物性自然毒5人、その他2人（コルヒチン）、サルモネラ属菌、ボツリヌス菌、ノロウイルス1人ずつでした。腸管出血性大腸菌（VT産生）による死者数11人のうち、10人（2016年）の原因食品は「きゅうりの梅しそ和え」で、残り1人（2017年）は「不明」のものでした。2013年以降、食肉で多く発生する病因物質である腸管出血性大腸菌（VT産生）による食中毒では、死者は出ていませんでしたが、2022年8月にレアステーキと称するユッケ様の食品等を原因食品とする食中毒が発生し、1人が亡くなりました。

表4-3 食中毒事件数、患者数、1事件あたりの患者数および死者数（2013～2021年）

病因物質		2013～2021年			
		事件数	患者数	1事件あたりの患者数	死者数
総　数		9,257	155,584	16.8	38
細　菌		3,516	60,040	17.1	13
	サルモネラ属菌	239	7,401	31.0	1
	ぶどう球菌	234	4,927	21.1	0
	ボツリヌス菌	2	5	2.5	1
	腸炎ビブリオ	60	997	16.6	0
	腸管出血性大腸菌（VT産生）	152	2,140	14.1	11
	その他の病原大腸菌	63	12,384	196.6	0
	ウエルシュ菌	230	13,098	56.9	0
	セレウス菌	54	770	14.3	0
	エルシニア・エンテロコリチカ	5	154	30.8	0
	カンピロバクター・ジェジュニ／コリ	2,451	16,717	6.8	0
	ナグビブリオ	4	447	111.8	0
	コレラ菌	0	0	0	0
	赤痢菌	1	99	99.0	0
	チフス菌	1	18	18.0	0
	パラチフスA菌	0	0	0	0
	その他の細菌	20	883	44.2	0
ウイルス		2,370	83,801	35.4	1
	ノロウイルス	2,309	81,704	35.4	1
	その他のウイルス	61	2,097	34.4	0
寄生虫		2,342	3,956	1.7	0
	クドア	159	1,672	10.5	0
	サルコシスティス	2	14	7.0	0
	アニサキス	2,174	2,233	1.0	0
	その他の寄生虫	7	37	5.3	0
化学物質		117	1,974	16.9	0
自然毒		686	1,783	2.6	22
	植物性自然毒	432	1,350	3.1	17
	動物性自然毒	254	433	1.7	5
その他		20	286	14.3	2
不　明		206	3,744	18.2	0

　　は食肉で多く発生する病因物質

4　牛肝臓や豚肉・豚内臓の生食禁止の効果 ‥‥‥‥‥‥‥‥‥‥‥‥‥

（1）食中毒発生状況

　2006〜2021年の生牛肉または生
牛肝臓由来食中毒と、調理済み牛肉ま
たは調理済み牛肝臓由来食中毒につい
て、病因物質別にみた事件数の推移を
図4-5に示します。2012年7月1
日から生食用牛肝臓の販売・提供が禁
止されました。

生食用としての牛肝臓や
豚肉・豚内臓の販売・
提供をしてはいけません！

　2006〜2012年の牛肉または牛肝臓を喫食した食中毒事件数は、計101件でした。そのうち
85件（84.2％）は生食、16件（15.8％）は調理済みの食品が原因でした。2013年以降は、家
庭で牛肝臓を生食した事例が2015年に1件（腸管出血性大腸菌（VT 産生））、2021年に1件
（カンピロバクター）発生したのみでした。

　2006〜2021年の生牛肉または生牛肝臓由来の食中毒事件数は、計87件でした。そのうちカ
ンピロバクターが72件、腸管出血性大腸菌（VT 産生）が13件、その他の病原大腸菌とその他
の細菌が1件ずつでした。

　2006〜2021年の調理済み牛肉または調理済み牛肝臓由来の食中毒事件数は、計50件でし
た。そのうちウエルシュ菌が15件、カンピロバクターが12件、ぶどう球菌が10件、腸管出血性
大腸菌（VT 産生）が10件、サルモネラ属菌、ノロウイルス、セレウス菌が1件ずつでした。
2012年に生食用牛肝臓の販売・提供を禁止したことによる食中毒防止効果はあったと思われま
す。

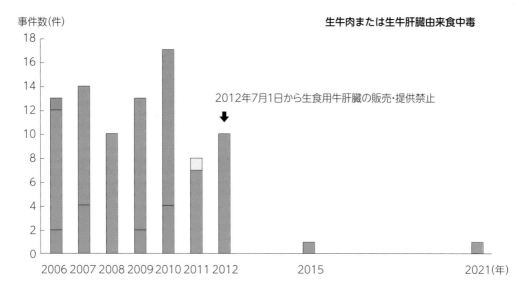

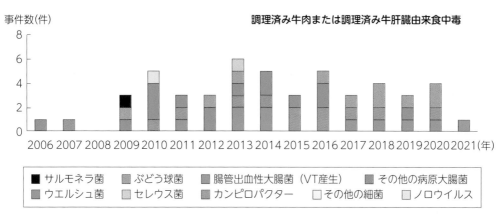

凡例:
- ■ サルモネラ菌
- ▨ ぶどう球菌
- ▨ 腸管出血性大腸菌（VT産生）
- ▨ その他の病原大腸菌
- ▨ ウエルシュ菌
- ▨ セレウス菌
- ▨ カンピロバクター
- □ その他の細菌
- ▨ ノロウイルス

図 4－5 　生牛肉・牛肝臓、調理済み牛肉・牛肝臓由来食中毒の病因物質別にみた
食中毒事件数の推移（2006 ～ 2021年）

（2）E 型肝炎患者数の推移

　感染症法で報告される2006〜2020年の E 型肝炎の患者数の推移を**図 4－6**に示します。E 型肝炎ウイルスが牛肉や牛肝臓から検出された報告は見当たりません。2012 年 7 月 1 日から生食用牛肝臓の販売・提供が禁止されましたが、E 型肝炎患者は増加しました。それは、生の牛の肝臓を提供できなくなった飲食店が、牛の肝臓に代えて生の豚の肝臓を提供しはじめたためと推測されました。そこで、2015 年 6 月12日から豚肉や豚内臓を生食用として販売・提供することが禁止されました。しかし、2015 年以降の E 型肝炎患者は年間200人を超え、増加傾向を示しており、2019年は年間493人が報告されています。なお、ここ数年は多少の減少傾向がみられますが、新型コロナウイルス感染症による飲食店の営業自粛の影響があるのかもしれません。

　国立感染症研究所によると、2014 年 1 月〜2021 年 9 月までに E 型肝炎患者は2,770人報告

されました。日本国内で感染したと推定された患者は2,432人（87.8％）、国外での感染が推定された患者は113人（4.1％）、国内か国外か感染場所が不明な患者が225人（8.1％）でした。推定される感染経路の記載があったものは、国内感染の1,035人で、その内訳は豚肉や豚内臓の喫食が428人（41.4％）と一番多く、次いでイノシシ99人（9.6％）、シカ88人（8.5％）などで、動物種不明の肉（生肉、焼肉など）が218人（21.1％）、動物種不明の肝臓（生、調理済みなど）が79人（7.6％）でした。国外感染の113人中、水は5人（4.4％）、豚あるいは動物種不明の肉の喫食が30人（26.5％）でした。

　E型肝炎患者数をみる限り、2015年6月12日から豚の肉や内臓を生食用として販売・提供することを禁止した効果はみられないことから、肉や内臓の生食の危険性を事業者があらためて認識し消費者に啓発することは、現在でも重要です。

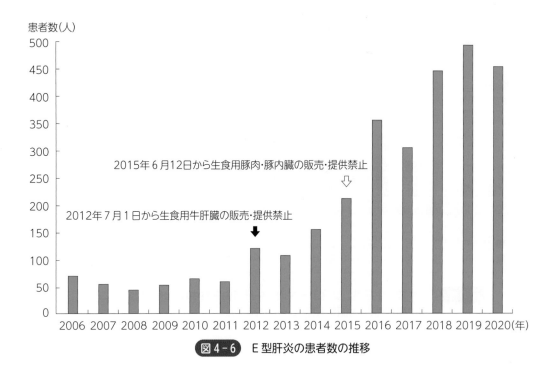

図4-6　E型肝炎の患者数の推移

第 5 章

実際に起こった食肉による
食中毒

実際に起こった食肉による食中毒

　食品の摂取により生じた健康被害のうち、保健所の疫学調査などにより食中毒と判断された場合、当該自治体から厚生労働省に食中毒事例として報告されます。厚生労働省はこれらの報告に基づいて、例年、詳細な食中毒統計を公表していますが、各事例における原因食品をみると原因不明な事例が多いものの、推定食品として食肉があげられている事例が多く認められます。市場に流通する食肉は、主に牛肉、豚肉および鶏肉であると考えられますが、その一方で、わが国が推し進める地域活性化政策などによるジビエ料理の普及により、イノシシ、シカおよびクマの肉および内臓が喫食されるようになりました。これらの食肉は、インターネットの普及により日本中で誰もが入手可能となり、一般家庭においてもカモ肉やダチョウ肉までもが購入できる時代になりました。

　と畜場や食鳥処理場では、さまざまな工程においてヒトに健康被害をもたらす食中毒病因物質の制御に努めています。また、2018年6月の食品衛生法の改正により、原則すべての食品等事業者に HACCP（Hazard Analysis and Critical Control Point；危害要因分析・重要管理点）に沿った衛生管理の実施が必要となりました。しかし、食肉等を原因とする食中毒事例は今もなお発生していることから、食肉加工施設や飲食店における衛生管理については引き続き注視していかなければならないものと思われます。

　本章では、食肉を介してヒトに健康被害を及ぼす多くの食中毒病因物質（カンピロバクター・ジェジュニ / コリ、サルモネラ属菌、腸管出血性大腸菌、ウエルシュ菌、エルシニア・エンテロコリチカ、リステリア・モノサイトゲネス、E 型肝炎ウイルス、旋毛虫など）（p.37 **表 3 − 1** 参照）の中でも、食肉を介して発生した代表的な食中毒事例を食肉別に紹介します。

1　鶏肉の事例

（1）鶏レバーたたきによるカンピロバクター食中毒

　2018年11月、宮崎県内の飲食店を利用した114人中76人が下痢、腹痛、発熱などの主症状を呈する食中毒が発生しました。保健所の調査によると、すべての患者に共通する食事は当該飲食店で提供された食品のみであり、患者便の細菌検査を実施したところ、48検体中43検体からカンピロバクターが検出されました。当該飲食店では鶏レバーたたきが提供されており、本品の喫食者が統計学的に有意に発症していたことから、鶏レバーたたきの喫食による食中毒と断定されました。

　当該飲食店では鶏レバーたたきとして加熱調理用の鶏レバーを用いていました。調理従事者はこれらのレバーを熱湯で10秒程度湯通ししてそのまま刺身として加工していたことから、加熱

調理用のレバーそのものがカンピロバクターに高度に汚染されていた可能性が示唆されました。

ギラン・バレー症候群に注意

　カンピロバクターによる食中毒は、腸管感染症として胃腸炎症状を呈することも重要ですが、その後に続発することがあるギラン・バレー症候群（p.38参照）にも注意を払う必要があります。ギラン・バレー症候群の発症には、先行して感染するさまざまな病原体が関与することが報告されています。最も多いのは上気道感染病原体ですが、消化器症状を惹起する病原体も少なからず報告されています。それらの中でも下痢が先行感染症状である場合はカンピロバクター・ジェジュニ（*Campylobacter jejuni*）感染の頻度が高い報告があることから、*C.jejuni* による食中毒には注意を払う必要があるといえます。

（2）弁当の鶏むね肉ハムによるサルモネラ属菌食中毒

　2020年6月、京都府において、入院を伴う50人以上を患者とする食中毒が発生しました。患者便の細菌検査を実施したところ、サルモネラ属菌が検出されました。保健所の調査により、原因は一般飲食店から提供された弁当でした。この弁当の主なメニューは、鶏むね肉のハム、スペイン風オムレツ、春キャベツのケークサレ、ポテトサラダなどでしたが、ゆで鶏むね肉からサルモネラ属菌が検出されたことから、当該飲食店による食中毒事件であると断定されました。鶏むね肉のハムは、前日に生鶏むね肉を塩でもみ込んでおき、提供当日に湯がいて急冷した後に提供されたものでした。

　発生要因は、普段どおりの加熱条件では鶏むね肉の中心部まで十分に熱が伝わらなかったためと推測されました。保健所の調査によると、弁当の大量受注のために、鍋の大きさ、鶏肉の容量および湯量のバランスが合っておらず、マニュアルに示された通常の加熱時間では、鶏肉と鶏肉との接点部位に十分に火が通らなかった可能性が示唆されました。

畜種別にみた食中毒の割合、サルモネラ属菌による汚染状況

　カンピロバクターおよびサルモネラ属菌による食中毒は獣畜や家きんを原因とする事例が多く（表5-1）、また、ここ数年まん延している新型コロナウイルス感染症の影響により、営業時間や客数の規制を受けた飲食店が、湿度や気温の高くなる時期にテイクアウト方式に軸足を置いた営業方針に舵を切ったことなども原因の一つと推測されました。

　鶏肉のサルモネラ属菌による汚染は、現在でも食品衛生上重要な問題の一つであり、市場で販売されている鶏肉から分離されるサルモネラ属菌は *Salmonella* Infantis や *S.Schwarzengrund* などの血清型が主流を占めています。一方、ブロイラー鶏の農場から分離されるサルモネラの血清型も同様の傾向が認められることから（表5-2）、飼養段階におけるサルモネラの制御が課題となっています。

表5－1 カンピロバクターおよびサルモネラ属菌を病因物質とする年別・畜種別の事件数と割合

カンピロバクター

畜種＼年	2017	2018	2019	2020	2021
鶏	76（23.6%）	80（25.1%）	92（32.2%）	39（21.4%）	45（29.2%）
牛	1（0.3%）	3（1.0%）	—	1（0.5%）	1（0.6%）
畜種不明	3（1.0%）	3（1.0%）	3（1.0%）	—	1（0.6%）

サルモネラ属菌

畜種＼年	2017	2018	2019	2020	2021
鶏	—	—	1（4.8%）	3（9.1%）	—
牛	2（5.7%）	—	—	—	—
豚	—	—	1（4.8%）	—	—
馬	—	—	—	—	1（12.5%）

（　）：カンピロバクターまたはサルモネラ属菌を病因物質とする食中毒事例に占める割合
—：事例なし

厚生労働省食中毒統計より作成

表5－2 農場由来のサルモネラ属菌分離株の血清型割合

Salmonella 血清型	分離株数	分離率（%）
S.Infantis	77	32.1
S.Schwarzengrund	56	23.3
S.Typhimurium	10	4.2
S.Manhattan	7	2.9
S.Agona	3	1.3
S.Yovokome	2	0.8
S.Kedougou	1	0.4
特定不能 [OUT：r,1,5]	1	0.4

参考文献　Ishihara ら：J.Vet.Med.Sci,82（5）, 646-652, 2020（doi：10.1292/jvms.19-0677）

2 牛肉の事例

（1）焼肉チェーン店における腸管出血性大腸菌の広域食中毒

2002年4～5月にかけて、兵庫県を中心とした近隣府県のA焼肉チェーン店において、腸管出血性大腸菌O157（以下、「EHEC O157」と略）による食中毒が発生しました。患者便の細菌検査を実施したところ、19店舗で喫食した29グループ45人からEHEC O157が分離されました。これらの店舗に搬入される食肉等の食材は、一括してA焼肉チェーン店のカットセン

ターから配送されるシステムとなっており、EHEC O157陽性者に共通する食材は、そのカットセンターで処理された食肉類のみでした。当該期間中に提供された食肉の残品が存在したことから細菌検査を実施したところ、カルビ肉からEHEC O157が検出されました。この食肉由来菌株と患者30人由来菌株について遺伝子解析を行ったところ、食肉由来と患者由来の25株（14施設）が同一の遺伝子パターンを示しました。これらの事実から、本事例はA焼肉チェーン店のカットセンターを原因施設とする食中毒と断定されました。

　本事例は、EHEC O157に汚染された牛肉を購入し、かつ、カットセンターで加工処理を行ったことに端を発した食中毒であることから、一義的には食中毒菌等に汚染された食肉を購入しないことが重要であるといえます。そのためには、トレーサビリティを確保し信頼できる相手と取引することが望まれます。また、食肉は細菌汚染があるものと考え、食肉をカットする際には、細菌汚染を拡げないために、まな板および包丁を食肉専用にすること、工程ごとまたは汚染があった場合には温湯消毒（83℃以上）することなどが推奨されます。さらには、焼肉店の営業者は、店を利用する客に対して、「食肉には食中毒菌等が付着していること、食肉を取り分ける専用のトングなどを使用すること、肉を十分に加熱する必要があること」などを啓発する努力が必要です。

食肉等が原因とされる腸管出血性大腸菌食中毒の傾向

　物流は時代と共にめまぐるしく変化しており、現代ではより迅速に、かつ広域に流通させることが重要視されるようになりました。このことから、本件は食中毒や感染症の散発的集団発生（diffuse outbreak）を招いた典型的な事例であるといえます。表5−3に、食肉等が原因と推定された腸管出血性大腸菌による食中毒事例を示しました。これらの事例はO157のほか、O111、O26などの血清型も含まれていることから、今後さらに流行する血清型の種類（O103、O121、O145など）が増えることが予測されます。

（2）結着加工された角切りステーキによる複数の腸管出血性大腸菌食中毒

　2009年8月中旬に埼玉県を中心に発生した事例です。同一の飲食チェーン店2店舗において「角切りステーキ」を喫食した患者4人からEHEC O157が検出され、うち2人の患者から検出された分離菌株の遺伝子パターンが一致したことから、同県は当該飲食店（2店舗）における食中毒事件と断定しました。その後、群馬県など他の地方自治体においても、同一チェーン店を利用して角切りステーキを喫食したEHEC O157患者が複数いることが判明したことから、散発的かつ集団的な事例であることが判明しました。

　これらのチェーン店で提供された角切りステーキの原材料に関する遡り調査を実施したところ、すべて同一食肉加工施設においてハンギングテンダー（横隔膜の筋肉で「サガリ」という）をカット後に結着剤として軟化調味液を加えて真空包装したものであることが判明しました。このことから、EHEC O157が内部に入り込んだ角切りステーキを、加熱不十分な状態で提供したことが要因の一つとして推測されました。

　一方、8月下旬には、山口県において発生したEHEC O157患者4人の調査を実施したとこ

表5-3 食肉等が原因と推定された腸管出血性大腸菌による食中毒事例（2011〜2021年）

発生年月	発生場所	原因食品	原因施設	摂食者数	患者数	死者数
2011年4月	富山県	ユッケ	飲食店	不明	181	5
2011年6月	愛知県	ユッケ、レバ刺しなどの食事	飲食店	6	6	0
2011年6月	東京都	焼き肉	飲食店	17	2	0
2011年7月	東京都	焼肉店での食事	飲食店	4	2	0
2011年7月	福岡市	焼肉店の調理品	飲食店	3	2	0
2011年8月	千葉市	ローストビーフ	老健施設	63	14	1
2011年8月	大阪市	生レバーを含む焼肉料理	飲食店	14	2	0
2011年8月	堺市	バーベキュー料理	不明	20	5	0
2012年1月	福井県	ケバブ	飲食店	6	3	0
2012年9月	大分県	焼肉	飲食店	22	8	0
2013年6月	神戸市	焼肉料理	飲食店	10	6	0
2013年7月	下関市	牛成形肉ステーキ	飲食店	13	4	0
2013年7月	下関市	牛成形肉ステーキ	飲食店	5	2	0
2013年7月	大阪市	焼肉など	飲食店	17	2	0
2013年9月	川崎市	肉類	飲食店	77	29	0
2014年3月	福島県	生食用馬肉	製造所	不明	78	0
2014年3月	東京都	馬刺し	飲食店	1	1	0
2014年4月	東京都	馬刺し	飲食店	3	1	0
2014年4月	東京都	桜肉のお造り	飲食店	7	6	0
2014年4月	埼玉県	馬刺し	飲食店	2	2	0
2014年5月	新潟市	加工食肉ステーキ	飲食店	10	1	0
2014年5月	福井県	加工食肉ヒレステーキ	飲食店	160	2	0
2014年6月	新潟県	ヒレステーキ	飲食店	8	1	0
2014年6月	山形県	ヒレステーキ	飲食店	不明	1	0
2014年7月	福井県	焼肉	飲食店	92	2	0
2014年7月	大阪市	焼肉	飲食店	50	7	0
2014年10月	長野県	牛成形肉ステーキ	飲食店	40	16	0
2014年12月	長野県	加熱不足の焼肉（牛ホルモン、サガリ、カルビ）	飲食店	28	8	0
2015年5月	福岡県	馬刺し	飲食店	11	6	0
2015年7月	大阪市	焼肉	飲食店	13	7	0
2015年9月	奈良県	炙りレバー	飲食店	13	4	0
2015年12月	大阪市	牛レバー	家庭	3	2	0
2016年10月	静岡県	冷凍メンチカツ	製造所	160	67	0
2017年8月	岡山県	焼肉	飲食店	49	16	0
2017年8月	埼玉県	ローストビーフ、ロースト握り、焼肉盛合せ	飲食店	11	7	0
2017年8月	大阪市	焼肉を含む料理	飲食店	13	2	0
2017年9月	岐阜県	焼肉	飲食店	9	6	0
2017年10月	新潟市	焼き串	製造所	31	15	0
2018年7月	富山市	焼肉料理	飲食店	107	2	0
2018年7月	兵庫県	加熱不十分なハンバーグ	飲食店	148	9	0
2018年7月	八尾市	生センマイ、牛心臓の刺身	飲食店	11	4	0
2018年7月	愛知県	生センマイ	飲食店	11	4	0
2019年2月	八王子市	柔らかハラミ	飲食店	3	2	0
2019年2月	神戸市	焼肉	飲食店	29	3	0
2019年5月	さいたま市	タレが効いたサイコロステーキ丼	飲食店	14	12	0
2019年9月	下関市	加熱不十分な牛肉を含む料理	飲食店	3	2	0
2020年6月	滋賀県	加熱用牛肉調理品	飲食店	75	13	0
2021年3月	東京都	牛ハラミ丼	飲食店	5	3	0

厚生労働省食中毒統計より作成

ろ、全員が同時期に同一チェーン店を利用し、角切りステーキを喫食していたことが判明しました。患者分離菌株の遺伝子パターンがすべて一致したことから、当該飲食店における食中毒と断定されました。その後、奈良県、京都府、兵庫県、愛媛県、および大阪府など他の自治体においても同一チェーン店を利用して角切りステーキを喫食したEHEC O157患者が複数いることが発覚したことにより、8月中旬に発生した事例同様、散発的かつ集団的な事例であることが判明しました。

同様に、これらのチェーン店で提供された角切りステーキの原材料に関する遡り調査を実施したところ、すべて同一食肉加工施設において結着加工された肉塊であることが判明しました。また、患者が喫食したことが推定されたロットの保存サンプルについて細菌検査を実施した結果、EHEC O157が検出されました。さらに、保存サンプル由来株と患者由来株との遺伝子検査の結果、両者の遺伝子パターンが一致しました。

飲食チェーン店における角切りステーキの調理方法については、調理従事者は260℃に加熱した鉄板に角切りの生肉をのせるだけであり、それを提供された客が自ら鉄板の熱を利用して加熱調理して喫食する方式でした。このことから、加工段階における結着工程によりEHEC O157が内部に入り込んだ角切りステーキを、加熱不十分な状態で喫食したことが要因の一つとして推測されました。

飲食店における結着等の加工処理食肉の取扱い

- 飲食店において結着等の加工処理[1] を行った食肉を調理して提供する場合は、「中心部を75℃で1分間以上またはこれと同等以上の加熱効果のある方法により加熱調理すること」です。

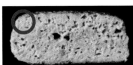

十分に加熱したハンバーグ断面　　　加熱不十分なハンバーグ断面

写真左：内閣府食品安全委員会ホームページ
(https://www.fsc.go.jp/sozaishyuu/hamburg.html)

- 結着等の加工処理が行われた食肉を客が自ら加熱調理を行う場合は、営業者は、客に対して「結着等の加工処理が行われていること、食肉から他の食材への交差汚染の可能性について注意喚起をするとともに、加熱の具体的な方法を確実に提供すること」です。

お肉はよく焼いて、中の色が完全に変わったことを確認してからお召し上がりください

＊1 結着等の加工処理：食肉であって、テンダライズ処理（刃を用いてその原型を保ったまま筋および繊維を短く切断する処理）、タンブリング処理（調味料に浸潤させる処理）、他の食肉の断片を結着させ成形する処理、漬け込み（内部に浸透させることを目的として調味液に小肉塊を浸漬すること）等その他病原微生物による汚染が内部に拡大するおそれのある処理を行ったもの、および挽肉調理品。

（3）ユッケを原因とする腸管出血性大腸菌の広域食中毒

　本事例は、2011年4月、富山県、福井県、石川県、および神奈川県の4県に店舗を展開するB焼肉店の系列店6店舗において、ユッケなどを喫食したことに端を発した一連の広域食中毒事件です。

　4月19〜23日に、富山県の系列C店でユッケなどを喫食したグループが食中毒様症状を呈し、その後県内のほかの系列2店舗でも同じ症状の患者が多数いることが判明しました。福井県では、4月21日に系列D店で食事をしたグループが、喫食した数日後に体調不良を訴えて受診し、うち1人（6歳男児）が入院しました。この男児は溶血性尿毒症症候群（HUS）に陥り27日に死亡し、便からEHEC O111が検出されました。4月29日午前には、富山県の事例において入院していた患者のうちの1人（6歳男児）が死亡し（21日喫食、24日発症）、この男児からも同菌が検出されました。このため、29日にはB焼肉店は全店舗で営業を自粛することになりました。5月4日には入院中の40代女性が、翌5日には家族である70代女性がHUSにより死亡しました。死亡した女性からはO111が検出されましたが、ほかの重症患者からはEHEC O157も検出されました。さらには、10月22日に入院中の少年が亡くなり、本ユッケ集団食中毒事例の総患者は181人、うち死者は5人というまれにみる大事件となりました。

　患者のうち32人（17.7%）がHUSとなり急性脳症を発症したことが、死者を出した原因と考えられます。患者の約96%はユッケを喫食しており、同時期に広域で発生していることから、EHEC O111またはO157に汚染された牛肉が各店舗に納入された可能性が推測されました。そのため、牛肉の卸売業者であるE商店に残っていた牛肉を検査したところ、EHEC O111が検出されました。すべてのEHEC O111分離株の遺伝子検査を実施したところ、遺伝子パターンはほぼ一致しました。

　保健所の調査の結果、系列店はE商店から当時の「生食用食肉の衛生基準」に基づく加工処理や表示がされていない原材料牛肉を日常的に仕入れていましたが、E商店で衛生的に処理されたものが納入されていると独自に判断し、これを生食用として提供していました。また、店舗においては他のメニューより先にユッケ用肉の下処理を行っており、まな板はユッケ専用で使用していましたが、包丁はユッケ専用として使用されていませんでした。店舗では、必要に応じて原料肉の筋や脂身を取り除くものの、生食用食肉の衛生基準中の「生食用食肉の加工等基準目標」に記されているトリミング作業は行われていませんでした。なお、C店においては、ユッケ用肉の下処理工程において複数の原料肉が混合されており、このため、既汚染原料肉の汚染がすべてのユッケに拡がったと考えられ、他の店舗より患者数を増加させた要因と推定されました。

生食用食肉（牛肉）の規格基準設定、生食用牛肝臓の販売・提供禁止

　この事件を契機に2011年10月に生食用食肉（牛肉）の規格基準（p.92参照）が新たに定められました。さらに翌2012年7月より生食用牛肝臓の販売・提供が禁止されました。

（4）牛成形肉ステーキによる腸管出血性大腸菌の広域食中毒

　2013年7月、下関市において、EHEC O157感染患者3人の発生届けがありました。保健所

の調査を実施したところ、いずれの患者も同一のF飲食店で牛成形肉を喫食していたことが判明しました。さらに、2人の患者便から分離された菌株の遺伝子（IS-Printing）パターンが一致したことから、同市は同店を原因施設とする食中毒事件と断定しました。

　本食中毒事件の発表後、F店の系列店である同市内のG店で「牛成形肉ステーキ」を喫食した患者1人からEHEC O157が検出されたことが判明しました。F店およびG店の患者由来菌株の遺伝子検査を実施したところ、遺伝子（IS-Printing）パターンが一致したことから、G店についても食中毒原因施設と判断されました。

　本食中毒事例は、最終的には6人の患者が3自治体にまたがった広域事件であり、すべての患者は牛成形肉を原材料とするステーキを喫食していました。食中毒患者の発症日は7月3日〜18日の範囲で、HUSを呈した患者はいませんでした。さらに、6人の患者から分離した菌株をパルスフィールドゲル電気泳動法で検査を実施したところ、遺伝子パターンはほぼ一致しました。F店およびG店で提供されたステーキ等の原材料遡り調査を実施したところ、札幌市の加工業者が、原料肉をトリミング後にタンブリング、成形、冷凍、カット、および真空包装したことが判明しました。また、F店およびG店で患者に提供された牛成形肉は同一ロットであると推定されました。これらのことから、本事例は、EHEC O157に汚染された牛成形加工処理肉が加熱不十分な状態で提供されたために発生した食中毒であると推定されました。

（5）ホテルレストランの食事によるウエルシュ菌食中毒

　2014年12月、沖縄県名護市において、ホテルのレストランで食事をした270人のうち150人以上が下痢、腹痛を主症状とした大規模食中毒が発生しました。患者便の細菌検査を実施したところ、ウエルシュ菌（*Clostridium perfringens*）が検出されました。また、調理従事者便および調理品の細菌検査を実施したところ、牛肉と筍のオイスター炒めおよび調理従事者からウエルシュ菌が検出され、これらすべての菌株は菌体外毒素であるエンテロトキシンを産生し、血清型もすべてHobbs型と呼ばれる同一の型でした。さらには、有症者由来14株および食品由来1株について遺伝子解析を実施したところ、遺伝子パターンが完全に一致しました。現場における保健所の聞き取り調査などにより、本事例は、ウエルシュ菌に汚染された牛肉などの原材料が大量調理され、不適切な温度管理（喫食前3〜4時間の常温放置）をしたことが主たる要因と推測されました。

再現実験でみえた菌量の増加過程

　保健所の調査結果から、発生要因を追及するために沖縄県衛生環境研究所で再現実験が行われました。調理後の保管庫での保管（70℃保温区）、常温保管（約26℃常温放置区）、喫食会場での湯煎（42℃保温区）を想定して再現実験を行ったところ、42℃保温区では保温開始から菌数の増加が経時的に認められ、保温開始2時間以降で急速に増加し、3時間後には発症を起こすのに必要な菌量にまで達しました。

　本事例で提供された牛肉と筍のオイスター炒めは、加熱調理後喫食開始までの時間が3〜4時間であったため、本事例においても調理後の保存条件が変化する過程で、ウエルシュ菌の増殖至適温度（43〜45℃）付近をゆっくり通過し、その時間帯で急速に菌が増殖したものと推察されました。

3　豚肉の事例

（1）豚肉のしょうが焼きによるウエルシュ菌食中毒

保温中は
適切な温度管理を

　2018年4月、栃木県那須町において、ホテルのレストランで食事をした高校生や教員約300人のうち20人以上が腹痛や下痢、発熱、吐き気、悪寒などの症状を呈する食中毒が発生しました。患者便の細菌検査を実施したところ、17人からウエルシュ菌が検出され、そのうちの9人の分離株についてエンテロトキシン産生試験を実施した結果、すべての分離株からエンテロトキシンが産生されました。また、調理従事者便および調理品の細菌検査を実施したところ、従事者19人中4人および調理品である豚肉のしょうが焼きからもウエルシュ菌が検出され、陽性となった調理従事者4人のうち1人の分離株、および豚肉のしょうが焼き由来の分離株がエンテロトキシン産生遺伝子を保有していました。患者由来株、調理従事者由来株、および豚肉のしょうが焼き由来株のすべてからエンテロトキシン毒素または遺伝子が検出されたこと、および患者の症状や発症分布に一峰性が認められたことなどから、豚肉のしょうが焼きを原因食品とするウエルシュ菌食中毒と断定されました。

　豚肉のしょうが焼きは直径60cmの鍋を使用して調理され、それらは調理後5枚の提供皿に取り分けられました。調理中は中心温度を計測しており、89.7℃を維持していました。調理後は放冷のため20分間以上室温に放置し、その後提供時間まで保温（設定温度85℃）してからビュッフェ会場に運ばれました。会場では調理品は液体燃料式ウォーマーで保温されていましたが、再現実験によるとウォーマーによる保温効果は、開始後20分間で、すでに中心温度が65℃を下回ることが確認されました。

　本事例ではウエルシュ菌汚染の経路特定には至りませんでしたが、聞き取り調査および再現実験の結果から、鍋で煮込む際の攪拌（かくはん）が不十分だったこと、加熱調理後室温に放置したこと、ウォーマーでの保温が不十分であったことなどがウエルシュ菌の増殖を助長した原因として考えられました。

（2）北海道で発生した豚レバーによる複数のE型肝炎ウイルス食中毒

　2001～2002年の間に北海道において、E型肝炎にり患した患者が10人発生しました。そのうちの9人は、発症の2～8週間前に生または加熱不足の豚レバーを喫食していたことが判明しました。これらの患者における豚レバーの喫食経験は、一度のみから月に1～2回程度と幅広く、そのほとんどが自宅で調理をしていました（1人のみ居酒屋での喫食）。

　一般に、E型肝炎ウイルス（以下、「HEV」と略）に汚染された食品の喫食が推定される食中毒事例の場合、すでに原因食品が残っていないことがほとんどであることから、直接的な因果関係を証明することは難しいと思われます。しかし、疫学的解析により関連性を示唆する報告は数多く認められます。Yazakiらの調査（2003年）によると、道内の食料品店で市販されていた

包装済みの豚生レバー 363件中7件（1.9%）から HEV 遺伝子が検出され、うち1件は、道在住の患者から分離された HEV と遺伝子配列が100％一致したとしています。このことは、ヒトが生または加熱不十分な豚レバーを喫食することにより、HEV に感染する可能性があることを示唆しています。

　また、2004年11月には、同じ北海道で共通の飲食店を利用した複数のグループからE型肝炎患者（7人）が発生しました。調査の結果、感染原因として当該飲食店で豚レバー等の豚由来食品を十分に加熱しないで喫食した可能性が高いことがあげられました。

生食用の豚の肉や内臓の販売・提供禁止

　豚の肉やレバーなどの内臓を生で食べると、HEV に感染したり、サルモネラ属菌やカンピロバクター等による食中毒のリスクがあります。2015年6月12日より加熱用を除き、生の豚の肉やレバーなどの内臓を販売・提供することが禁止されました。事業者がこれらを販売・提供する場合は十分な加熱が必要である旨の情報を提供しなければなりませ

十分に加熱した豚レバー

加熱不十分な豚レバー

ん。また、これらを使用して食品を製造、加工または調理する場合は、中心部まで十分に加熱しなければなりません（中心部の温度が75℃で1分間以上など）。

---

column　調理従事者に発生する危害として要注意

<u>手指の傷口より感染が疑われた豚レンサ球菌</u>

　一般家庭の女性が生の豚ホルモンを加熱調理して喫食したところ、3日後から発熱、頭痛、嘔吐などの主症状が認められ、4日後には耳鳴りなども出現しました。6日後にはさらに症状が増悪したため受診したところ、入院治療を受けることになりました。細菌検査の結果、血液、髄液から豚レンサ球菌（*Streptococcus suis*）が検出されました。

　わが国において、豚レンサ球菌は豚、イノシシなどを自然宿主としていることから、豚レンサ球菌による細菌性髄膜炎患者の多くは豚の食肉処理業者を中心に報告されています。その原因として、作業中の刃物による皮膚損傷部位が汚染食肉等と接触することに起因すると考えられています。本件の調査によると、女性は生の豚ホルモンを扱った際に左手小指を包丁で切っており、このことが感染につながったものと推察されました。本件は一般的な食中毒事例としては分類されないものの、調理従事者に発生する危害としては注意が必要な事例であると考えられます。

4 馬肉の事例 ･･

（1）馬刺しによるサルコシスティス食中毒

　2011年9月、生食用馬肉（馬刺し）を喫食した福岡県在住の2家族計7人のうち、それぞれの自宅で馬刺しを喫食した2人ずつ計4人が下痢、腹痛等の症状を示しました。有症者4人の共通食は、同一の食肉販売店で購入した冷蔵馬刺しで、熊本市内の食肉処理業者から仕入れた食肉でした。当該馬刺しはカナダ産馬のウデ肉で、冷凍処理されることなく冷蔵保存で販売されていました。また、2家族が購入した馬刺しは同一馬の同一部位から切り出されたものでした。患者便および馬刺し残品を対象に食中毒病因物質の検査を行ったところ、PCR法により住肉胞子虫であるサルコシスティス・フェアリー（*Sarcocystis fayeri*）に特異的な遺伝子が検出されました。さらには、顕微鏡による病理組織学的観察により、シストおよびブラディゾイト*2が確認されたため、本件は *S.fayeri* による食中毒と断定されました。

加熱または冷凍により死滅

　食肉に寄生しているサルコシスティスは加熱する、または、冷凍することで死滅します。馬刺しの喫食で食中毒が多発していたことを受け、予防策として以下の冷凍条件が示されました（生食用生鮮食品による病因物質不明有症事例への対応について（平成23年6月17日付け食安発0617第3号））。

〈*S.fayeri* が失活する冷凍条件〉

- ●馬肉を中心温度 −20℃で48時間以上、−30℃で36時間以上、−40℃で18時間以上、急速冷凍装置を用いた場合は−30℃で18時間以上を保持する冷凍方法
- ●馬肉を液体窒素に浸す場合は1時間以上を保持する方法

（2）馬刺しによる腸管出血性大腸菌の広域食中毒

　2014年3〜4月にかけて、馬刺し加工施設で処理された馬刺しの喫食による広域食中毒が発生しました。患者は福島県を含め11都県、88人に及びました（入院38人、HUS 5人）。有症者および馬刺し残品の細菌検査を実施したところ、両者からベロ毒素1型および2型を産生するEHEC O157が分離されました。福島県以外で分離された菌株も含めて遺伝子検査を実施したところ、供試菌株ほぼすべての遺伝子パターンが一致しました。これらのことから、本件は馬刺しのEHEC O157汚染による食中毒と断定されました。

馬の EHEC 保菌状況

　平成11〜22年度に厚生労働省が実施した市販食肉の汚染調査によると、馬肉からは EHEC

･･･

＊2 シストおよびブラディゾイト：ともに住肉胞子虫の生活環の各発育過程における形態を表す用語。中間宿主である馬などの草食動物が飼料などと共にサルコシスティスを体内に取り込むと、虫体が筋肉中に移行してシストを形成する。シストは白い紐状で線虫様の形状をしており、その中に感染虫体である三日月状または紡錘状をした多数のブラディゾイトが含まれている。

（O157および O26）は検出されませんでした。また、平成18〜23年における輸入馬肉からも EHEC は検出されませんでした。一方、馬の糞便から EHEC を検出した例は国内では認められませんが、ドイツでは400頭中１頭（0.3％）から、米国では135頭中１頭（0.7％）から分離された報告があります。後者における保菌馬は、反芻獣と共に飼養されていたことがわかっています。したがって、保菌率は低いものの馬が EHEC O157などを保有している可能性があることから、馬刺しを加工処理する際にはこれらのことを考慮し、適切な冷凍処理を含む衛生面に十分に注意する必要があると考えられます。

　なお、2023年２月には、横浜市の食肉販売店で販売されていた冷凍馬刺し（加工所は愛媛県松山市）から EHEC O26（ベロ毒素２型を産生）が検出された事例も報告されています。

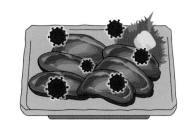

5　シカ肉の事例

（１）シカ肉の生食による E 型肝炎ウイルス食中毒

　2003年４月、兵庫県において、急性ウイルス性肝炎患者が複数人受診し、そのうちの３人が入院する事件が発生しました。保健所による患者からの聞き取り調査により、原因は刺身や寿司としてシカ肉を７週間で３回生食したことが疑われました。２頭のシカから切り分けた肉を５家族８人が喫食しており、このうち４人（４家族）が肝炎を発症しました。シカ肉を喫食した家族は、普段からシカ肉を入手するたびに分け合っていました。患者の血液検査から好酸球の増多は認められなかったため寄生虫感染は否定されましたが、肝機能検査ではいずれの患者もトランスアミナーゼ（AST）*3活性が発症後に急上昇し数日で正常値に戻ったことから、ウイルス性肝炎の発症が疑われました。検査を実施したところ、A 型、B 型および C 型肝炎については否定されました。さらに、患者回復期血清４検体、患者便４検体、冷凍生シカ肉残品２検体を対象に E 型肝炎ウイルス遺伝子の保有について検査したところ、患者回復期血清および患者便から HEV 遺伝子は検出されませんでしたが、冷凍シカ肉から HEV 遺伝子が検出されました。一方、医療機関で実施した４人の患者急性期血清からは、HEV-IgM、IgG 抗体および HEV 遺伝子が検出されました。これらのことから、病因物質は HEV であり、シカ肉を原因食品とする食中毒であることが断定されました。

　近年、野生鳥獣による農林産物被害防止の観点から、ジビエを産業として育成していく動きが各自治体で目立ってきており、野生鳥獣の食肉等が市場に流通する機会が増えています。その一方で、一部の地域では野生の獣肉等を生で喫食する慣習も認められることから、野生鳥獣肉の取扱い・喫食には十分に注意する必要があると考えられます。

＊３ トランスアミナーゼ（AST）：アスパラギン酸アミノトランスフェラーゼと呼ばれる。この値が極端に高い場合はウイルス性肝炎、薬物性肝炎、虚血性肝炎などの肝障害が示唆される。

（2）シカ刺しによるサルコシスティス食中毒

　2018年6月、和歌山県において、野生シカをとさつ・解体してシカ刺し（筋肉および肝臓）を喫食した3人が嘔吐、下痢、倦怠感および発熱等の症状を呈した食中毒が発生しました。シカ刺し残品を検査したところ、顕微鏡による病理組織学的観察によりサルコシスティス（*Sarcocystis*）属のシストおよびブラディゾイトが確認され、遺伝子検査によりサルコシスティス・トランカータ（*S.truncata*）であると同定されました。

　厚生労働省はサルコシスティス属の中でも *S.fayeri* のみを食中毒病因物質と規定していますが、本事例では *S.fayeri* が保有する下痢誘発性タンパク質の発現を確認しました。したがって、*S.fayeri* は検出されなかったこと、*S.truncata* も同タンパク質を保有していることから、*S.truncata* もヒトに健康被害をもたらすことが推測されました。

6 クマ肉の事例 ⋯⋯⋯⋯⋯⋯⋯⋯⋯⋯⋯⋯⋯⋯⋯⋯⋯⋯⋯⋯⋯⋯⋯⋯⋯⋯⋯⋯⋯⋯⋯

（1）ローストされたクマ肉による旋毛虫（トリヒナ）食中毒

　2016年11月下旬〜12月上旬、茨城県において、発疹、発熱、倦怠感、好酸球数増多および筋肉痛等を主症状とする有症者20人以上の食中毒が発生しました。有症者が一定期間に散発的に発生していること、水戸市内における特定の飲食店を利用していることなどから、飲食店で提供されたヒグマのロースト（ローストベア）が疑われました。飲食店で提供されたローストベアのクマ肉は、常連客の1人が11月中旬に北海道で食肉に加工したもので、調理まで冷蔵状態で保管されており、10〜20分間網焼きして提供されました。これを喫食した10人全員が発症しました。また、これ以降ローストベアは凍結保存され、再提供時に解凍し再度加熱したものの、この期間に喫食した21人のうち11人が発症しました。本事例における加熱調理法についての詳細は不明ですが、弱火で表面だけ焼いたのみで中心部まで確実に加熱されていなかった可能性が考えられます。

　クマ肉の残品を検査したところ、顕微鏡による病理組織学的検査により筋肉内に被嚢する幼虫や脱嚢した幼虫が確認され、旋毛虫（トリヒナ）に特徴的な構造（スティコソーム）＊4も確認されました。また、遺伝子解析により旋毛虫属に特異的な遺伝子が確認されたことから、虫体は旋毛虫であると同定されました。さらなる遺伝子検査により、虫種は *Trichinella* T9＊5と判明しました。喫食者の抗体価を測定したところ、急性期では発症者21人中5人のみ抗体価の上昇が認められましたが、回復期血清では発症者20人のうち18人で抗体価が上昇していました。以上のことから、本件は旋毛虫属による食中毒と断定されました。

⋯⋯⋯

＊4 スティコソーム：旋毛虫の幼虫はクマの筋肉内に確認される。幼虫の食道部にはスティコソームと呼ばれ、中央に核を有する極めて横長の食道腺細胞が縦列している構造を確認できる。

＊5：旋毛虫は次の10種3遺伝子型に分類される。

Trichinella spiralis（T1）、*T.nativa*（T2）、*T.britovi*（T3）、*T.pseudospiralis*（T4）、*T.murelli*（T5）、T6、*T.nelsoni*（T7）、T8、T9、*T.papuae*（T10）、*T.zimbabwensis*（T11）、*T.patagoniensis*（T12）、*T.chanchalensis*（T13）

わが国では *T.spiralis*、*T.nativa*、T9の存在が確認されている。

本事例で確認された虫種は *Trichinella* T9であると判明しましたが、本虫種は冷凍抵抗性があることから、－18℃程度では1か月程度は感染性を失わないことが知られています。本事例においても2週間程度の冷凍処理で高率に発症していることから、クマ肉の調理も十分に加熱する必要があります。

野生鳥獣肉の取扱い

本事例を受け、「クマ肉による旋毛虫（トリヒナ）食中毒事案について」（平成28年12月23日付け生食監発1223第1号）により、関係事業者および消費者に対し次のような注意喚起が行われました。

- 野生鳥獣肉による食中毒の発生を防止するため、中心部の温度が75℃で1分間以上またはこれと同等以上の効力を有する方法により、十分加熱して喫食すること
- 肉眼的異常がみられない場合にも高率に微生物および寄生虫が感染していることから、まな板、包丁等使用する器具を使い分けること。また、処理終了ごとに洗浄、消毒し、衛生的に保管すること

安全な食肉を提供するために

獣畜や家きん、野生動物の食肉は、ヒトに健康被害をもたらす食中毒病因物質で汚染されている可能性があります。したがって、これらの食肉等を使用した食品を提供する場合は、食中毒病因物質をつけないことはもとより、増やさない、そして、やっつける（殺菌、不活化）工程を確実に実施することです。2021年6月よりHACCPに沿った衛生管理の制度化が本格実施されたことから、衛生的で安全な食肉を用いた食品を提供するために、手引書などを活用して衛生管理を実施することが重要です。

第**6**章

食肉を取り扱う施設の衛生管理
— 一般衛生管理、食肉の適切な取扱い、施設基準 —

第 **6** 章

食肉を取り扱う施設の衛生管理
— 一般衛生管理、食肉の適切な取扱い、施設基準 —

　獣畜や家きんは外見上健康であっても、消化管内に腸管出血性大腸菌、カンピロバクター、サルモネラ属菌を、血液中に E 型肝炎ウイルス等の食中毒病因物質を高率に保有しているものがあります。そのため、とさつ・解体を行うと畜場や食鳥処理場では、体表や消化管内容物等から食肉への食中毒病因物質による汚染を除去または低減させるために処理が行われています。さらに、HACCP が導入されたと畜場や食鳥処理場では、ゼロトレランスにより汚染部位のトリミング処理が行われています（p.82参照）。しかし、結果として食肉に付着するこれらの危害要因をゼロにすることはできません。また、シカ、イノシシ、クマ、鳥類等の野生鳥獣の場合は、飼養の管理が実施されていないため、ほぼ全頭に寄生虫が存在しています。

　食肉は多くの危害要因をかかえている可能性がある食品なので、消費者に提供されるまでの衛生管理が重要となります。このため、食肉処理業、食肉製品製造業、食肉販売業、および飲食店営業などで、原材料である食肉の受入れから製品の出荷・提供までの全工程の危害要因を分析する際、主に生物的危害要因を考慮する必要があります。

HACCP に沿った衛生管理の導入

　わが国の食品衛生管理は、施設の構造や設備などのハード面の施設基準を食品衛生法施行規則別表第19〜第21で定めています。衛生管理のソフト面のうち一般衛生管理の基準は別表第17で、世界標準となっている HACCP に沿った衛生管理の基準は別表18で定めています。別表18に示された 8 項目のうち、1 〜 7 までの項目は HACCP に基づく衛生管理の基準が定められ、8 番目の項目では、HACCP の考え方を取り入れた衛生管理として、小規模事業者等が取り扱う食品の特性または営業の規模に応じて弾力的な運用ができるとされています[1]。と畜場や製造に携わる従事者数が50人以上の大規模事業者等は「HACCP に基づく衛生管理」を、小規模事業者等は各業界団体が作成した手引書を参考にして「HACCP の考え方を取り入れた衛生管理」を実施することになっています。食肉に関する手引書は、「小規模なハム・ソーセージ・ベーコン製造事業者向け」、「食肉販売業向け」、「小規模な食肉処理業向け」、「小規模ジビエ処理施設向け」などが作成されています[2]。また、食肉を調理することが多い飲食店を対象とした手引書「小規模な一般飲食店向け」においても、食肉の取扱いは重要管理ポイントとされています。

　本章では、食肉を取り扱う食肉処理業、食肉製品製造業、食肉販売業、および飲食店営業にお

---

[1] 別表18の 8 項目：1 危害要因の分析、2 重要管理点の設定、3 管理基準の決定、4 モニタリング方法の設定、5 改善措置の設定、6 検証方法の設定、7 記録の作成　8 小規模事業者等への弾力的運用
[2] 食品等事業者団体が作成した業種別手引書：https://www.mhlw.go.jp/stf/seisakunitsuite/bunya/0000179028_00001.html

ける衛生管理について、一般衛生管理と施設基準とに分けて解説します。

1 一般衛生管理を中心に

　ここでは、食品衛生法施行規則別表第17の一般衛生管理に関連する事項を基に、食肉を取り扱う施設で特に留意するポイントを概説します。

（1）施設の衛生管理 ―5S 活動を中心に ―

　一般衛生管理は、安全な食品を取り扱うために清潔な環境をつくり出すことを目的としています。このために一般に行われているのが「5S 活動」と呼ばれているものです。

　5S とは、「整理・整とん・清掃・清潔・習慣づけ」の 5 つの項目をローマ字表記したときに、頭文字がすべて S となることからそのように呼ばれています。また、これに洗浄と消毒を加えて 7S とされることもあります。

1）整理

　長い間営業していると、不要なものが施設内に置かれている場合があります。整理とは、必要なものと不要なものを区分して、必要なものを必要な量確保し、不要なものは処分することです。具体的には、

- 通常、1 か月以上使用しない器具・機材は倉庫にしまい、食品取扱施設から片づけます。
- 廃棄するものは速やかに廃棄し、製造・加工・調理室内に長時間置かないようにします。
- 機械油、殺虫剤などの化学物質は、在庫数を確認し、専用の鍵のかかる場所に保管します。
- 製造・加工・調理に不要なもの（観葉植物、腕時計、輪ゴムなど）は施設内に持ち込まないようにします。

2）整とん

　整とんとは、必要なものを所定の場所に収納し、すぐに取り出せるようにすることです。具体的には、

- 従事者の誰もがわかるように、品名やその品を保管している置き場所等を表示します。
- 製造・加工・調理時に使用したものを分解・清掃する際に使用する器具（六角レンチ、ペンチなど）は、決められた場所に、決められた数がわかるように保管します。
- 使用目的ごとに、ラックやケースなどにまとめます。

3）清掃

　清掃は、ごみや汚れ、埃がなく、常に施設を清潔に使用できる状態に保つことです。

　食肉を取り扱う施設では、作業終了後、作業台の洗浄や廃棄物および不要な肉片などの処理を行うとともに、床、壁、シンクなどの汚れを確認し、洗浄および消毒などを実施します。具体的には、

- 床面や作業台のごみや肉片を集め廃棄物容器に入れます。
- 側壁に肉片や汚れが付着している場合は、ペーパータオルや布きんなどで拭き取り消毒します。
- 作業台については、スポンジに中性洗剤を含ませて温湯を用いてこすり洗いをします。
- 水洗いできる床面の場合は、中性洗剤と温湯を用いてデッキブラシでこすり洗いをします。

●床面を乾燥させるためにドライワイパーを使用します。

●床面と同様に排水溝やグリーストラップの清掃を行います。

以上のことなどを、毎日の作業終了後等に行います。また、ネズミや昆虫の発生を防止するためには、冷蔵庫や作業台の下などに肉片等の汚れを残さないことにも気を配る必要があります。施設の消毒が必要な場合は、次亜塩素酸ナトリウム溶液を適正な濃度に希釈して用います。

4）清潔

整理・整とん・清掃の結果、得られる状態が清潔です。施設内を衛生的に保つために、調理に使用する器具・機材は洗浄後、消毒保管庫で保管したり、乾燥状態で保管したり、消毒液に浸しておくなど、前日の汚染を翌日にもちこまないようにしましょう。

5）習慣づけ

整理・整とん・清掃が実施されていることを確認してから作業を開始する始業前点検マニュアルや、各場所の清掃 SOP（標準作業手順書）をつくり、清掃 SOP どおりに清掃を実施するよう教育・訓練を行うことです。そして、施設の清潔が常に維持されるよう習慣化します。そのためにも、従事者一人ひとりが整理・整とん・清掃・清潔の目的を理解し、実施することが大切です。

すべての従事者が「清潔な施設と環境を保持することは当然である」と思うことができるよう、各種マニュアルや SOP を用意し教育訓練を実施しましょう。

（2）作業場の温度・湿度管理

防菌、防かびの観点から、作業場の温度や湿度をコントロールすることは、食肉の衛生状態の維持や品質管理上からも重要です。したがって、誰でもみることができる作業場の壁などに湿度計付き温度計を備えることが推奨されます。エアコンや換気設備の設置は作業場内の結露防止のためだけでなく、従事者の健康管理の観点からも必需といえます。

（3）トイレの衛生管理

　私たちは健康にみえても、腸管内に食中毒病因物質（サルモネラ、病原大腸菌、ノロウイルスなど）を保有していることがあります。また、従事者が作業中に発症し、下痢症状等を示す場合もあります。このような保菌者や発症者が利用した水洗レバーやボタン、個室トイレのドアノブ、便座、床などの箇所は食中毒病因物質に汚染されていることがあります。これらの箇所は共用部分であり、多くの従事者が接触することから、不十分な手洗い・消毒をすれば、共用部分は食中毒病因物質に汚染されてしまいます。つまり、トイレは、従事者全員が食中毒病因物質に感染するリスクが高い場所であるため、トイレの衛生は食中毒防止のうえで重要な管理ポイントといえます。

トイレの設備

　トイレは、営業許可の取得に必要な施設基準が設定されています（p.96参照）。

- ●トイレの出入口は、手洗い後の再汚染を防止するためにも自動ドアであることが望まれます。ドアを肘などで開けることができるバネ式構造でも同様の効果が認められます。
- ●手洗い後の手指の再汚染を防止することに配慮した手洗い設備を設置しましょう（p.97図6-3参照）。

トイレの使い方

- ●トイレ使用の際は、専用の下足を用いてください。できる限り外衣は脱いで使用することが推奨されます。
- ●用便後は、身支度する前に必ず手を洗浄・消毒し、作業場に入る前にもう一度手を洗いましょう。
- ●手洗い等で使用したペーパータオルは、ごみ箱の中がすぐにいっぱいにならないように、小さく丸めてごみ箱に捨てましょう。

トイレの清掃

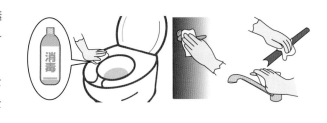

- ●トイレは毎日定期的に清掃・消毒をします。汚れを認めたときはそのつど、清掃・消毒を行います。
- ●作業者は作業着・使い捨て手袋を装着し、トイレ専用の清掃用具を用いて行います。
- ●清掃時に汚染を拡げないために、トイレ内の「ドアノブなど手がふれる箇所」→「手洗い設備」→「水洗レバーやボタン」→「便座・フタ・便座裏」→「履物」→「壁・床面」などの順に清掃・消毒を行います。
- ●手指用石けん液や消毒用アルコールが十分に容器内に入っているか、ペーパータオルは十分に供給されているか、ごみ箱内のペーパータオルを捨てるスペースが十分にあるかどうか、あふれそうになっていたら廃棄する、などを行います。

トイレ清掃 SOP を作成し、これらの作業が常に実施できるように教育訓練をしましょう。

（4）使用機具等の衛生管理
1）まな板
- まな板は、傷つきやすく乾燥しにくい材質（木製など）は避け、合成樹脂製の製品が推奨されます。
- 食肉の種類により付着している可能性のある食中毒病因物質が異なることから、畜種ごと・内臓ごとといった具合に、まな板を使い分けすることが推奨されます。取り扱う食肉を考慮して、まな板の大きさや枚数を用意しましょう。必要枚数分を用意できない場合は、それぞれの処理や加工作業が終了した際に、十分に洗浄・消毒することが重要です。
- 食肉は脂肪分が多いことから洗浄は丁寧に行い、消毒後は清潔な場所に保管します。

2）包丁

- 包丁は柄の部分が木製のものなど、水分がしみ込みやすい材質は不衛生となりやすいので、できるだけ使用を避けます。柄の部分まで金属製の包丁（オールステンレス製など）が望ましいですが、使用できない場合は、特に洗浄・消毒、および乾燥を十分に実施したうえで、清潔な場所（専用の収納ケースなど）に保管します。
- 包丁もまな板同様に畜種ごと・内臓ごとに使い分けることが推奨されます。

3）布きん等
食品取扱施設では、作業台や使用器具、容器などを拭く際に、布きんやサラシを使用することがあります。これらの衛生管理を怠ると、食中毒病因物質を施設内に拡げることになりかねないので、特に注意する必要があります。
- 衛生的な布きん等であっても長時間連続で使用することにより、逆に汚染を拡げてしまうことがあります。汚染が確認されたときのみならず、定期的に交換してください。
- 布きん等は必要枚数以上を余裕をもって用意し、畜種ごと・内臓ごと、そして作業別に使い分けましょう。
- 使用後は洗浄・消毒、乾燥を十分に行います。

4）器具および容器等の洗浄・消毒
同一内容の作業であっても、まな板や包丁、容器、バット、ボウルなどを洗浄・消毒せずに使用し続けると、二次汚染を引き起こすリスクが高くなります。したがって、食肉に使用した器具や容器等については、定時的な洗浄および殺菌が必要です。

作業中の容器、器具などの殺菌に関しては、殺菌剤等化学薬品による方法もありますが、熱湯をかけることも有効です。その他、スライサーやミンチ機などの機器および作業手袋に関しても、作業別に、できれば畜種ごと・内臓ごとに洗浄・消毒しましょう。

食器洗浄機の利用が推奨されますが、肉片が頻繁に生じるので、こまめな清掃が必要となります。また、水垢等によるノズルの目詰まりも発生するので注意が必要です。なお、自動洗浄機を利用する場合は、一部の機種を除き下洗いを行ってから処理します。

手作業での洗浄・消毒など

手で洗浄する場合は、器具等を洗剤を入れた約40℃の温湯に数分間つけ置き、きれいなスポンジやたわしなどで汚れを落としてから十分にすすぐことが重要です。洗浄後は83℃以上の温湯で消毒し、十分に乾燥してから食器戸棚など専用の清潔な場所に収納します。

（5）冷蔵・冷凍庫の衛生管理

冷蔵庫および冷凍庫の温度管理は、食肉を扱ううえで非常に重要な事項です。

冷凍庫：−15℃以下
冷蔵庫：10℃以下

- 扉の開閉により庫内温度が上昇することから、作業中の扉の開閉は必要最小限に抑えるようにしなければなりません。
- 温度管理の方法として、内部の食品に影響を与えないように隔測温度計を装置し、冷凍庫は−15℃以下、冷蔵庫は10℃以下に維持しなければなりません。
- 庫内における相互汚染を防ぐために、食肉等はむき出しのままにせずラップ等をすることが必要です。また、冷却する際は冷却気流を妨げないように位置を工夫して置くようにします。
- 保管時は畜種ごと・内臓ごとに区分し、かつそれぞれの配置位置を決めて保管します。
- パックされたままの部分肉等はできる限り冷蔵庫最下段に、加工途中など一時保管の場合はトレイなどの容器に入れ、フタやラップをして上段に保管します。
- 庫内は汚れやすいので、常に清潔保持に気を配ることが大切です。そのため、定期的に洗剤や消毒用アルコールなどで庫内の洗浄・消毒を行わなければなりません。

（6）保管設備の衛生管理

作業中に必要のない容器や器具類、または洗浄・消毒後の容器や器具類は、作業台などに放置せず保管設備に収納することが必要です。この際、防虫・防その観点から扉のあるステンレス製の保管庫などが推奨されます。また、定期的に保管設備内部の清掃を実施して清潔保持に努めます。

（7）使用水の管理

　食品等を製造、加工、調理するときに使用する水は、水道水または飲用に適する水を使用します。

水道水（直結式）の場合

　水道法で規定されている水道水は、すべての水質基準が守られており、また、給水栓（蛇口）における水が、遊離残留塩素0.1ppm（結合残留塩素の場合は0.4ppm）以上保持するように規定されています。したがって、水道水（直結式）を使用する場合は特に問題となることはなく、営業者は水質の定期検査等の義務はありません。

受水槽の場合

　水道水を受水槽（貯水槽）などを利用して使用する場合は、1年1回以上、給水栓から採水し水質検査を実施し、その成績書を1年間以上保管します。また、毎日作業開始前に色、濁り、におい、味について異常の有無を確認します。消毒装置（次亜塩素酸ナトリウム滴定装置など）の動作確認、および残留塩素濃度の確認や受水槽の異常確認などについては、営業者自らが管理できますが、受水槽の定期的な清掃・消毒、および水質検査などについては、専門業者に委託するなどして実施することが必要です。

井水または湧水などを使用する場合

　井水または湧水などを使用する場合は、各自治体が定める衛生管理に関する規定に従って、水質検査などを実施しなければなりません。

（8）廃棄物の管理

　作業により、食品残さ、空き容器、段ボールなどさまざまな廃棄物が生じます。

- ●生ごみや包装紙などの種類に応じて分別します。特に食肉残さなどにはネズミや昆虫が侵入・発生しやすいので、密閉された廃棄物容器での保管、早期の搬出が必要です。
- ●生ごみは毎日搬出します。段ボールなどの資源ごみは乱雑にせずに整理し、空き瓶および空き缶などは洗浄してから搬出するようにします。

廃棄物容器の管理

- ●廃棄物容器は汚染されているものと考え、作業中はフタや容器にふれないようにします。フタは手をふれずに開けられるような足踏み式が望ましく、容器の素材は合成樹脂などの耐水性材料でなければなりません。
- ●廃棄物容器は作業終了後、作業場内に放置することはせず、しっかりとフタをして専用の廃棄物保管場所に移動します。

- 廃棄物保管場所は鳥獣などがあさることができないような構造（完全区画された室や専用室）で、かつ清掃・消毒が容易にできるようにします。
- 生ごみを衛生害虫のすみかにしないためにも、廃棄物専用の冷蔵保管設備の設置が推奨されます。
- 廃棄物保管場所の定期的な清掃および消毒により、ネズミや昆虫の侵入・発生を防止することができます。特に夏場は、廃棄物保管場所の清掃・消毒は毎日実施しましょう。

（9）手指の洗浄・消毒

従事者の手指の洗浄・消毒は食品衛生における基本の一つです。

- 手洗いは、トイレの後、作業室に入る前、作業に入る前、異なる種類の食肉または食材を取り扱う前、不衛生なものにふれたとき、肉汁で汚れたとき、作業を終えたとき、および清掃後などに行います。
- 手洗い前は、爪を短く切りマニキュアはとります。また、手指に傷や手荒れがないか確認し、ある場合は手洗い後に耐水性の絆創膏等で覆い、使い捨て手袋を着用します。
- 手洗い後はペーパータオル等で水分を拭き取り手指を乾燥させます。拭いた後は手指用消毒剤を噴霧することで、手洗い効果が高まります。
- 使い捨て手袋を使用する場合は手洗い・消毒を行った後に着用します。一度使用した手袋は再使用してはいけません。
- 手洗い場所には、見やすい位置に手洗いマニュアルなどを掲示すると、従事者に対して手洗いの徹底や手洗い方法の確認に役立ちます。

（10）原材料の受入れ

原材料として搬入（購入）した食肉等は、腐敗していたり、包装が破れていたり、消費期限または賞味期限が過ぎていたり、保存方法が守られていなかったりする場合があります。こうした原材料には食中毒病因物質が付着または増殖している可能性があるため、原材料の受入れ時に、商品の品質等について確認する必要があります。

- 原材料の包装資材（段ボールなど）に破損がないか、食肉が十分に冷却されているか、消費期限または賞味期限に問題はないかを確認します。

包装が破れている　　品温が高い　　鮮度に問題がある等

原材料に問題があった場合は使用しない

- 見た目やにおいなどの五感で、原材料そのものに異常がないか確認することも有効です。
- 上記に問題や異常があった場合は使用せずに、返品または廃棄してください。
- 原材料を冷蔵・冷凍室に保管する場合、床に直置きすることなく、不浸透性の台や棚などに保管してください。

第6章 食肉を取り扱う施設の衛生管理

これより食肉処理業、食肉製品製造業、食肉販売業および飲食店営業における衛生管理のポイントについて、それぞれみていきます。

原則、すべての食品等事業者は一般衛生管理に加え HACCP に沿った衛生管理を行わなければなりません（**図6-1**）。食品衛生責任者を中心に従事者が全員で、かつ継続的に衛生管理を実施することで、食中毒の防止はもちろん衛生レベルのさらなる向上や業務の効率化に結びつくなどの効果が生まれます。

食肉処理業については、生物的危害要因を除去する加熱工程がないことから、食肉を食中毒病因物質などに汚染させないなどの一般衛生管理と細菌を増殖させない温度管理が重要となります。

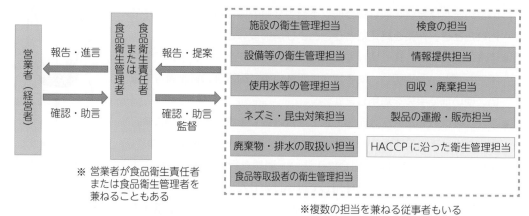

図6-1 食品等事業者における衛生管理体制（例）

（1）鳥獣の肉・内臓等を分割・細切する営業

食肉処理業は、と畜場や食鳥処理場でとさつ・解体された鳥獣の肉・内臓等を分割・細切する営業です。処理を始める前、または、処理中の食肉の「ゼロトレランス」、分割・細切する器具・機材や手指の「洗浄・消毒」、食肉の冷却および保存などの「温度管理」が食中毒などの発生を未然に防ぐことにつながります。また、刃こぼれ等の金属片やガラス片等の異物混入の防止にも努めます。

1）ゼロトレランス

と畜場や食鳥処理場では、ゼロトレランスを実施しています。ゼロトレランスとは、専任の作業員が処理を始める前や処理中に、枝肉や肉が「糞便、消化管内容物、乳房内容物に汚染されたと認めた場合」は、滅菌ナイフを用いて汚染部位をトリミングすることです（**写真6-1**）。使用したナイフは消毒を、汚染部位に接触した手指は洗浄・消毒をします。と畜検査員や食鳥検査員は、ゼロトレランスを確実に実施しているか等の検証を行っています。

食肉処理施設においても、肉の表面に汚染が認められた場合は、同様にトリミングをしてください。

写真6-1　ゼロトレランス

写真左：各作業工程で異物をみつけたらトリミングを実施。照度を上げるために、作業員はヘッドライトを装着する。
写真右：獣体の洗浄前のゼロトレランス工程。専任の作業員が枝肉に付着する異物をチェックし、付着していれば異物をトリミング。ゼロトレランス工程では施設内の照度を上げている。

写真：飛騨ミート農業協同組合連合会　提供

2）器具・機材の洗浄・消毒

作業前

- 器具・機材を使用する前に、基本的かつ確実な消毒方法は、83℃以上の温湯で処理することです。器具・機材は食肉に接触することから、薬剤を使用する場合は、食品添加物として認められている殺菌料（次亜塩素酸ナトリウム、エタノール、過酢酸製剤など）を使用します。
- ナイフを83℃以上の温湯で消毒する場合は、ナイフを温湯につけることで殺菌されます。その他、必要に応じて、殺菌料をスプレーで食品と接触する部分に吹き付けること等を実施します。ナイフなどの使用器具の温湯消毒装置は作業しやすい場所に設置することが作業上重要です。また、蒸気による天井の露滴を防ぐ換気も重要となります。

作業後

- 作業後の器具・機材は60℃以上の温湯と洗剤を用いてブラッシング洗浄を実施します。その後、83℃以上の温湯や殺菌剤を用いて消毒します。
- ナイフや棒やすりなどを手で洗浄する場合は、洗剤を入れた40℃以上の温湯に数分間つけ置き、清潔なスポンジやたわしなどで汚れを落としてから十分にすすぎます。洗浄後は、上述の消毒をし、乾燥させてから専用の保管庫（紫外線保管庫などが望ましい）に収納します。

3）手指の洗浄・消毒

手指は汚染のつど、洗浄・消毒します。手指を洗浄した後は、ペーパータオルで水分を拭き取り、手指用消毒剤を噴霧しましょう。

4）食肉の温度管理

- 食肉は、10℃以下で保存しなければいけません。

- 細切した食肉を凍結させたものであって容器包装に入れられたものは、‐15℃以下で保存しなければなりません。
- 冷蔵した枝肉を食肉処理施設で加工する場合は、常に食肉は10℃以下であることを保証しなければいけません。
- たとえば4℃で保存されていた枝肉を10℃以上の食肉処理施設で分割・細切する場合も、食肉が10℃以下を保証する時間内で実施しなければいけません。

（2）食用の目的で野生鳥獣をとさつもしくは解体し、肉・内臓等を分割・細切する営業

本営業は、と畜検査を要しない、と畜処理と類似します。詳細は第7章に記述します。

3　食肉製品製造業の衛生管理

食肉製品製造業は、水分活性が大きく異なるさまざまな製品が対象となり、副原材料も多く使われます。また、塩漬工程やくん煙工程、加熱、冷却工程など、特に生物的危害要因に注意を払わなければならない工程も多くある業種です。以下、食肉製品製造業の衛生管理に関するポイントを概説します。

（1）食品衛生管理者の設置

ハム・ソーセージ等の食肉製品を製造する食肉製品製造業には、食品衛生管理者の設置が必要です。食品衛生管理者とは、製造または加工の過程において特に衛生上の考慮を必要とする食品または添加物を製造・加工する業種に設置する専門知識をもつ者のことで、食品衛生法第48条に基づいて設置が義務づけられています。具体的な食品または添加物は政令で指定されています。

食品衛生管理者は「食品衛生関係法令に違反しないよう従事者を監督し、衛生管理の方法などについて必要な注意をするとともに、営業者に対し必要な意見を述べなければならない」と規定されています。一方、「営業者は食品衛生管理者の意見を尊重しなければならない」とされています。そして、食品衛生上の危害の発生を防止するためにも、食品衛生管理者には正しい知識をもって製造（加工）現場の衛生状態を維持管理することが求められます。

（2）使用水の基準

食肉製品を製造する際は「食品製造用水」を使用することが義務づけられています。食品製造用水は水道水または「食品、添加物等の規格基準（昭和34年12月28日付け厚生省告示第370号）」の第1食品のB食品一般の製造、加工及び調理基準の5で規定されている規格に適合したものです。

（3）食肉製品の規格基準

　食肉製品は食品衛生法第13条第1項に基づいて成分規格、製造基準そして保存基準が定められています。これら規格基準には、それぞれ共通の一般規格（基準）が定められています。

成分規格のうち共通の一般規格

　成分規格のうち共通の一般規格として、
- ●食肉製品は、1kgにつき0.070gを超える量の亜硝酸根を含有するものであってはならない。

と定められています。

製造基準のうち共通の一般基準

　食肉製品は、次の基準に適合する方法で製造しなければなりません。
- ●製造に使用する原料食肉は、鮮度が良好であって微生物汚染の少ないものでなければならない。
- ●製造に使用する冷凍原料食肉の解凍は、衛生的な場所で行わなければならない。
- ●解凍の際に水を用いる場合は流水（食品製造用水に限る）で行わなければならない。
- ●食肉は、金属または合成樹脂等でできた清潔で洗浄の容易な不浸透性の容器に収めなければならない。
- ●製造に使用する香辛料、砂糖およびでん粉の1g当たりの芽胞数は1,000以下でなければならない。
- ●製造には、清潔で洗浄および殺菌の容易な器具を用いなければならない。

保存基準のうち共通の一般基準

- ●冷凍食肉製品は、－15℃以下で保存しなければならない。
- ●製品は、清潔で衛生的な容器に収めて密封するか、ケーシングするか、または清潔で衛生的な合成樹脂フィルム、合成樹脂加工紙、硫酸紙もしくはパラフィン紙で包装して、運搬しなければならない。

　食肉製品全体に共通する規格基準は以上のとおりですが、さらに、食肉製品の種類ごとに、定義、成分規格、製造基準、そして保存基準が定められています。

1）乾燥食肉製品の個別規格基準

a. 定義

　乾燥食肉製品は、乾燥させた食肉製品であって、乾燥食肉製品として販売する製品をいいます。ドライサラミやジャーキーなどが該当します。

b. 成分規格

① 　E.coli（大腸菌群のうち、44.5℃で24時間培養したときに、乳糖を分解して、酸およびガスを生ずるものをいう。以下同じ）が陰性でなければならない。

② 水分活性が0.87未満でなければならない。

c. 製造基準

① くん煙または乾燥は製品の温度を20℃以下または50℃以上に保持しながら、またはこれと同等以上の微生物の増殖を阻止する条件を保持しながら水分活性が0.87未満になるまで行わなければならない。

② 製品の温度を50℃以上に保持しながらくん煙または乾燥を行う場合は、製品の温度が20℃を超え50℃未満の状態の時間をできるだけ短縮して行わなければならない。

③ くん煙または乾燥後の製品は衛生的に取り扱わなければならない。

2）非加熱食肉製品の個別規格基準 ────────

a. 定義

食肉を塩漬けした後、くん煙し、または乾燥させ、かつ、その中心部の温度を63℃、30分間加熱する方法またはこれと同等以上の効力を有する方法による加熱殺菌を行っていない食肉製品であって、非加熱食肉製品として販売する製品をいいます。

一般に生ハムと呼ばれるもので、ラックスハム、プロシュートハムなども非加熱食肉製品です。

b. 成分規格

① E.coli が、検体1gにつき100以下でなければならない。

② 黄色ブドウ球菌が、検体1gにつき1,000以下でなければならない。

③ サルモネラ属菌が陰性でなければならない。

④ リステリア・モノサイトゲネスが、検体1gにつき100以下でなければならない。

c. 製造基準

個別基準については、肉塊（内臓を除いた食肉の単一の塊のこと）のみを原料食肉とする場合と、それ以外の場合の2つのタイプのいずれかの基準に適合する方法で製造しなければなりません。

肉塊のみを原料食肉とする場合

- 製造に使用する原料食肉は、とさつ後24時間以内に4℃以下に冷却し、かつ、冷却後4℃以下で保存したものであって、pH が6.0以下でなければならない。
- 製造に使用する冷凍原料食肉の解凍は、食肉の温度が10℃を超えることのないようにして行わなければならない。
- 製造に使用する原料食肉の整形は、食肉の温度が10℃を超えることのないようにして行わなければならない。
- 亜硝酸ナトリウムを使用して塩漬けにする方法、または亜硝酸ナトリウムを使用しないで塩漬けにする方法は表6-1のとおり。
- くん煙または乾燥後の製品は衛生的に取り扱わなければならない。

肉塊のみを原料食肉とする場合以外の場合

- 製造に使用する冷凍原料食肉の解凍は、食肉の温度が10℃を超えることのないようにして

表6-1　亜硝酸ナトリウムを使用して塩漬けにする方法または使用せずに塩漬けにする方法

亜硝酸ナトリウムを使用して塩漬けにする方法

● 食肉の塩漬けは、乾塩法、塩水法または一本針を用いる手作業による注入法（以下「一本針注入法」という）により、肉塊のまま食肉の温度を5℃以下に保持しながら、水分活性が0.97未満になるまで行わなければならない（ただし、最終製品の水分活性を0.95以上とするものにあっては、水分活性はこの限りでない）

● 乾塩法による場合は、食肉の重量に対して6％以上の食塩、塩化カリウムまたはこれらの組合せおよび200ppm以上の亜硝酸ナトリウムを含む塩漬け液を用いて行わなければならない

● 塩水法または一本針注入法による場合には、15%以上の食塩、塩化カリウムまたはこれらの組合せおよび200ppm以上の亜硝酸ナトリウムを含む塩漬け液を用いて行わなければならない

● 塩水法による場合には、食肉を塩漬け液に十分浸して行わなければならない

● 塩漬けした食肉の塩抜きを行う場合には、5℃以下の食品製造用水を用いて、換水しながら行わなければならない

● くん煙または乾燥は、肉塊のままで、製品の温度を20℃以下または50℃以上に保持しながら、水分活性が0.95未満になるまで行わなければならない（ただし、最終製品の水分活性を0.95以上とするものにあっては、水分活性はこの限りでない）

● 製品の温度を50℃以上に保持しながらくん煙または乾燥を行う場合にあっては、製品の温度が20℃を超え50℃未満の状態の時間をできるだけ短縮して行わなければならない

亜硝酸ナトリウムを使用しないで塩漬けにする方法

● 食肉の塩漬けは、乾塩法により、肉塊のままで、食肉の温度を5℃以下に保持しながら、食肉の重量に対して6％以上の食塩、塩化カリウムまたはこれらの組合せを表面の脂肪を除く部分に十分塗布して、40日間以上行わなければならない

● 塩漬けした食肉の表面を洗浄する場合には、冷水（食品製造用水に限る）を用いて、換水しながら行わなければならない

● くん煙または乾燥は、肉塊のままで、製品の温度を20℃以下に保持しながら53日間以上行い、水分活性が0.95未満になるまで行わなければならない

行わなければならない。

● 製造に使用する原料食肉の整形は、食肉の温度が10℃を超えることのないようにして行わなければならない。

● 製造に使用する原料食肉は、長径が20mm以下になるように切断しなければならない。

● 食肉の塩漬けは、食肉（骨および脂肪を除く）の重量に対して3.3%以上の食塩、塩化カリウムまたはこれらの組合せおよび200ppm以上の亜硝酸ナトリウムを用いて行わなければならない。（※1）

● 塩漬けした食肉の塩抜きを行う場合には、5℃以下の食品製造用水を用いて、換水しながら行わなければならない。

● くん煙または乾燥は、製品の温度を20℃以下に保持しながら20日間以上行い、pHが5.0未満、水分活性が0.91未満（製品の温度を15℃を超えて、くん煙または乾燥させる場合には、pHが5.4未満かつ水分活性が0.91未満）またはpHが5.3未満かつ水分活性が0.96未満になるまで行わなければならない。ただし、常温で保存するものにあっては、pHが4.6未満またはpHが5.1未満、かつ水分活性が0.93未満になるまで行わなければならない。（※2）

●次のイからハの場合は、前述（※1）の食塩、塩化カリウムまたはこれらの組合せの使用および（※2）のくん煙または乾燥の期間は適用しない。

イ　表6-2の第1欄に掲げる食肉の中心部を、同表の第2欄に掲げる温度の区分に応じ、同表の第3欄に掲げる期間冷凍し、またはこれと同等以上の効力を有する方法により冷凍したものを原料食肉として製品を製造する場合

表 6-2　中心部の温度区分と冷凍期間

第1欄	第2欄	第3欄
厚さが150mm以下の食肉	−29℃以下の温度	6日
	−29℃を超え−24℃以下の温度	10日
	−24℃を超え−15℃以下の温度	20日
厚さが150mmを超え675mm以下の食肉	−29℃以下の温度	12日
	−29℃を超え−24℃以下の温度	20日
	−24℃を超え−15℃以下の温度	30日

ロ　中心部を表6-3の第1欄の温度に応じて第2欄の時間加熱し、またはこれと同等以上の効力を有する方法により加熱した食肉を原料食肉として製品を製造する場合（食肉の温度が20℃を超え50℃未満の状態の時間が120分以内である場合に限る）

表 6-3　温度と加熱時間

第1欄	50℃	51℃	52℃	53℃	54℃	55℃	56℃	57℃	58℃	59℃	60℃	63℃
第2欄	580分	300分	155分	79分	41分	21分	11分	6分	3分	2分	1分	瞬時

ハ　製品の水分活性が0.91未満となるように製造する場合

●くん煙または乾燥後の製品は衛生的に取り扱わなければならない。

d. 保存基準

　非加熱食肉製品は、10℃以下（肉塊のみを原料食肉とする場合であって、水分活性が0.95以上のものにあっては、4℃以下）で保存しなければなりません。ただし、肉塊のみを原料食肉とする場合以外の場合であって、pHが4.6未満または5.1未満かつ水分活性が0.93未満のものにあっては、この限りではありません。

3）特定加熱食肉製品の個別規格基準 ────────

a. 定義

　中心部の温度を63℃、30分間加熱する方法またはこれと同等以上の効力を有する方法以外の方法による加熱殺菌を行った食肉製品をいいます。ローストビーフなどが該当します。

b. 成分規格

- E.coli が、検体 1 g につき100以下でなければならない。
- クロストリジウム属菌（グラム陽性の芽胞形成桿菌であって亜硫酸を還元する嫌気性の菌をいう。以下同じ）が、検体 1 g につき1,000以下でなければならない。
- 黄色ブドウ球菌が、検体 1 g につき1,000以下でなければならない。
- サルモネラ属菌が陰性でなければならない。

c. 製造基準

- 製造に使用する原料食肉は、とさつ後24時間以内に 4 ℃以下に冷却し、かつ、冷却後 4 ℃以下で保存した肉塊で pH が6.0以下でなければならない。
- 製造に使用する冷凍原料食肉の解凍は、食肉の温度が10℃を超えることのないようにして行わなければならない。
- 製造に使用する原料食肉の整形は、食肉の温度が10℃を超えることのないようにして行わなければならない。
- 食肉の塩漬けを行う場合は、肉塊のままで乾塩法または塩水法により行わなければならない。
- 塩漬けした食肉の塩抜きを行う場合は、 5 ℃以下の食品製造用水を用いて換水しながら行わなければならない。
- 製造に調味料等を使用する場合には、食肉の表面にのみ塗布しなければならない。
- 製品は、肉塊のままで、その中心部を表 6 - 4 の第 1 欄の温度に応じて第 2 欄の時間加熱し、またはこれと同等以上の効力を有する方法により殺菌しなければならない。この場合、製品の中心部の温度が35℃以上52℃未満の状態の時間を170分以内としなければならない。

表 6 - 4 温度と加熱時間

第 1 欄	55℃	56℃	57℃	58℃	59℃	60℃	61℃	62℃	63℃
第 2 欄	97分	64分	43分	28分	19分	12分	9分	6分	瞬時

- 加熱殺菌後の冷却は、衛生的な場所において十分行わなければならない。
- 冷却は製品の中心部の温度が25℃以上55℃未満の状態の時間を200分以内としなければならない。
- 冷却に水を用いる場合は、流水（食品製造用水に限る）で行わなければならない。
- 冷却後の製品は衛生的に取り扱わなければならない。

d. 保存基準

特定加熱食肉製品のうち、水分活性が0.95以上のものにあっては、 4 ℃以下で、水分活性が0.95未満のものにあっては、10℃以下で保存しなければなりません。

4 ）加熱食肉製品（包装後加熱）の個別規格基準

a. 定義

乾燥食肉製品、非加熱食肉製品および特定加熱食肉製品以外の食肉製品のうち、容器包装に入れた後加熱殺菌したものをいいます。

b. 成分規格

- 大腸菌群が陰性でなければならない。
- クロストリジウム属菌が、検体1gにつき1,000以下でなければならない。

c. 製造基準

- 中心部の温度を63℃で30分間加熱する方法またはこれと同等以上の効力を有する方法（魚肉を含む製品であって気密性のある容器包装に充てんした後殺菌するものにあっては、その中心部の温度を80℃で20分間加熱する方法またはこれと同等以上の効力を有する方法）により殺菌しなければならない。
- 加熱殺菌後の冷却は、衛生的な場所において十分行わなければならない。この場合、水を用いるときは、流水（食品製造用水に限る）で行わなければならない。
- 加熱殺菌した後容器包装に入れた製品は、冷却後、衛生的に取り扱わなければならない。

d. 保存基準

　加熱食肉製品は、10℃以下で保存しなければなりません。ただし、気密性のある容器包装に充てんした後、製品の中心部の温度を120℃で4分間加熱する方法またはこれと同等以上の効力を有する方法により殺菌したものにあっては、この限りではありません。

5）加熱食肉製品（加熱後包装）の個別規格基準

a. 定義

　加熱食肉製品のうち、加熱殺菌した後容器包装に入れたものをいいます。

b. 成分規格

- E.coli が陰性でなければならない。
- 黄色ブドウ球菌が、検体1gにつき1,000以下でなければならない。
- サルモネラ属菌が陰性でなければならない。

c. 製造基準および保存基準

　加熱食肉製品（包装後加熱）と同じです。

4　食肉販売業・飲食店営業の衛生管理

　食肉販売業および飲食店営業においても他の食品営業許可業種同様、HACCP に沿った衛生管理を日々実施します。中でも冷却、加熱、低温または高温保管等の温度管理や二次汚染の防止対策を主にした管理が重要といえます。

（1）食肉の温度管理

- 食肉は、10℃以下で保存しなければいけません。
- 細切した食肉を凍結させたものであって容器包装に入れられたものは、−15℃以下で保存しなければなりません。
- 冷蔵した食肉を食肉販売業や飲食店営業施設でさらにカット・調理する場合にあっても、食肉の温度が10℃以下である時間内でカット作業や調理を実施しましょう。

●食肉を調理加工する場合は、商品やメニューごとに調理機器を決め、加熱温度と加熱時間を決めておくことが必要です。また、十分に加熱調理したとしても、長時間室温に放置しておくことにより食中毒原因菌が増殖し、食中毒を招く危険性があります。特に、10〜60℃の間は多くの食中毒原因菌が増殖しやすい危険温度帯であるので、速やかに冷却、保管などに努める必要があります（図6-2）。

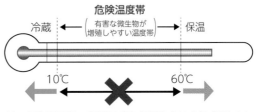

危険温度帯

冷蔵　　有害な微生物が増殖しやすい温度帯　　保温

10℃　　　　　　　　　60℃

10〜60℃の温度帯に、調理食品が長い時間留まらないように注意します

図 6-2　危険温度帯

（2）二次汚染の防止

　食肉は食中毒病因物質が付着している場合があるので、加熱調理して喫食します。食肉販売業に飲食店営業を併設した施設では、加熱調理済みのコロッケやハムカツなどを、生肉に付着した食中毒病因物質で汚染しないように取り扱うことが重要です。飲食店営業施設でも、生肉を扱った手でそのまま加熱調理済み食品をさわる、生肉をカットしたまな板や包丁で他の食品をカットする等によって、二次汚染が起こることがあります。

（3）　販売・提供時に気をつける食肉等

　牛肝臓内部および胆汁から腸管出血性大腸菌やカンピロバクターが分離された報告があります。豚の肉や内臓も、E型肝炎ウイルス、カンピロバクター等の食中毒病因物質や寄生虫などの危害要因が知られています。実際に、牛肝臓や豚内臓等の食肉を生または加熱不十分な状態で喫食し食中毒が発生した事例が多数報告されています。

牛の肝臓や豚肉（内臓を含む）を販売・提供する場合

●生食用として販売・提供してはいけません。加熱が必要とするものとして販売・提供しなければなりません。

●販売する際は、生で食べてはいけないこと、必ず中心部まで十分な加熱調理を要する旨を案内しなければなりません（ポスターなど掲示の活用）。

●加熱調理する際は、中心部まで十分に加熱しなければなりません（中心部の温度が75℃で1分間以上など）。

《ご注意》
中心部まで十分
加熱してから
お召し上がり
ください。

メニュー
焼肉

- 飲食店で、来店客が自ら調理し喫食する場合は、
  - ・コンロや七輪などの加熱調理ができる設備を必ず提供してください。
  - ・中心部まで十分な加熱を要する旨を案内してください（メニューや店内掲示など）。
  - ・来店客が生や不十分な加熱のままで食べている場合には、十分に加熱して食べるよう注意してください。

生肉専用のトング

  - ・肉を焼くときの生肉用の取り箸、トングなどは専用のものを提供してください。

結着等の加工処理を行った食肉を販売・提供する場合

中心部75℃・1分間以上加熱

- ハンバーグやメンチカツなど挽肉を使用した食品や、テンダライズ、タンブリングした食肉、または結着肉は、内部まで食中毒病因物質に汚染されている危険性があります。このような処理をした食肉は中心部まで十分な加熱が必要です（中心部75℃で1分間以上など）。また、消費者にも、中心部まで十分に火が通り、肉汁が透明になって中心部の色が変わるまで、十分に加熱するよう案内しなければなりません。

鶏肉、馬肉を販売・提供する場合

鶏肉
加熱用

- 鶏レバー、ささみ等の刺身、鶏肉のタタキなど生また加熱不十分な鶏肉料理によるカンピロバクター食中毒が多発しています。新鮮な鶏肉であっても生食用ではありません。鶏肉は次のことに注意して取り扱いましょう。
  - ・「加熱用」の表示を確認してください。
  - ・十分に加熱調理してください（中心部の温度75℃で1分間以上など）。
  - ・手指や調理器具類の洗浄・消毒、肉類専用の器具や容器の使用等により、二次汚染を防止してください。
- 馬刺しを販売する場合は、サルコシスティス（住肉胞子虫）を原因とする食中毒を予防するため、－20℃で48時間以上などの条件で冷凍してから販売することが求められています。ただし、腸管出血性大腸菌 O157や O26などの食中毒原因菌に汚染された場合は、本条件による冷凍処理では死滅しないことに留意する必要があります。

5 生食用食肉（牛肉）の規制 ·······························

（1）施設の基準

　飲食店営業、食肉販売業、食肉処理業、複合型そうざい製造業および
複合型冷凍食品製造業において、生食用食肉の加工または調理をする施設は、次の要件を満たすことが必要になります。

- 生食用食肉の加工または調理をするための設備が他の設備と区分されていること
- 器具および手指の洗浄および消毒をするための専用の設備を有すること
- 生食用食肉の加工または調理をするための専用の機械器具を備えること
- 取り扱う生食用食肉が冷蔵保存を要する場合は、生食用食肉が 4℃以下で、冷凍保存を要する場合は‐15℃以下となる冷蔵または冷凍設備を有すること
- 生食用食肉を加工する施設は、加工量に応じた加熱殺菌のための設備を有すること

（2）生食用食肉の規格基準
生食用食肉は「内臓を除く牛の食肉であって、生食用として販売するもの」をいいます。

1）生食用食肉の成分規格
① 生食用食肉は、腸内細菌科菌群が陰性でなければならない。
② この記録は、1年間保存しなければならない。

2）生食用食肉の加工基準
生食用食肉は、次の基準に適合する方法で加工しなければなりません。
① 加工は、他の設備と区分され、器具および手指の洗浄および消毒に必要な専用の設備を備えた衛生的な場所で行わなければならない。また、肉塊が接触する設備は専用のものを用い、一つの肉塊の加工ごとに洗浄および消毒を行わなければならない。
② 加工に使用する器具は、清潔で衛生的かつ洗浄および消毒の容易な不浸透性の材質であって、専用のものを用いなければならない。また、その使用にあたっては、一つの肉塊の加工ごと（病原微生物に汚染された場合はそのつど）に、83℃以上の温湯で洗浄および消毒をしなければならない。
③ 加工は、食品衛生管理者となることができる資格をもつ者や都道府県知事やその他保健所を設置する自治体の長が認めた者またはその監督下で行わなければならない。
④ 加工は、肉塊が病原微生物により汚染されないよう衛生的に行わなければならない。また、加熱殺菌をする場合を除き、肉塊の表面の温度が10℃を超えることのないようにして行わなければならない。
⑤ 加工にあたっては、刃を用いてその原形を保ったまま筋および繊維を短く切断する処理、調味料に浸潤させる処理、他の食肉の断片を結着させ成形する処理、その他病原微生物による汚染が内部に拡大するおそれのある処理をしてはならない。
⑥ 加工に使用する肉塊は、凍結させていないものであって、衛生的に枝肉から切り出されたものでなければならない。
⑦ ⑥の処理を行った肉塊は、処理後速やかに、気密性のある清潔で衛生的な容器包装に入れ、密封し、肉塊の表面から深さ1cm以上の部分までを60℃で2分間以上加熱する方法またはこれと同等以上の殺菌効果を有する方法で加熱殺菌を行った後、速やかに4℃以下に冷却しなければならない。
⑧ ⑦の加熱殺菌に係る温度および時間の記録は、1年間保存しな

ければならない。

3）生食用食肉の保存基準

① 生食用食肉は、4℃以下で保存しなければならない。ただし、生食用食肉を凍結させたものは、-15℃以下で保存しなければならない。

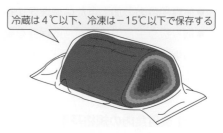

冷蔵は4℃以下、冷凍は-15℃以下で保存する

② 生食用食肉は、清潔で衛生的な容器包装に入れ、保存しなければならない。

4）生食用食肉の調理基準

① 2）の①から⑤までの基準は、生食用食肉の調理について準用する。

② 調理に使用する肉塊は、2）の⑥および⑦の処理を経たものでなければならない。

③ 調理を行った生食用食肉は、速やかに提供しなければならない。

（3）その他の注意点

前述4）③のとおり、生食用食肉を取り扱う飲食店営業の施設において、生食用食肉を調理する際は、速やかに客に提供し、喫食してもらいます。なお、持ち帰り（テイクアウト）や宅配（デリバリー）をする場合は、食肉等の中心部まで十分に加熱調理したものを提供します。

本規格基準に適合する生食用食肉でも、子どもや高齢者などの抵抗力の弱い方は、食中毒になると重症化しやすいため、生肉を食べないよう、また食べさせないようにしてください。

肉を生で食べない・食べさせない

6　すべての営業許可業種に共通する施設基準 ……………………………

食品衛生法施行規則別表第19に「すべての営業許可業種に共通する施設基準」、別表第20に「営業ごとの施設基準」が、また、別表第21には「生食用食肉の施設基準」が前述5（1）のように定められています。

営業許可が必要な業種の施設基準は、施行規則で定められた基準を参酌して、都道府県が条例で定めることとなっています。参酌基準とは条例制定にあたり、十分に参照しなければならない法令上の基準をさし、十分に参酌した結果であれば、都道府県は実情に応じて異なる内容を定めることが許容されています。営業許可を取得する際には、施設の所在地を所管する保健所に相談してください。

（1）施設基準（共通基準）のポイント
1）施設の広さ、区画等

● 施設は、衛生的な作業を継続的に実施するために必要な構造または設備、機械器具の配置および食品等を取り扱う量に応じた十分な広さを有してください。

● 作業区分（汚染区、準清潔区、清潔区）に応じ、間仕切り等により必要な区画がされ、工程

を踏まえて施設設備が適切に配置され、または空気の流れを管理する設備が設置されていることです。

2）施設の構造および設備

- 塵や埃の混入を防止、作業で出る廃水や廃棄物による汚染を防止できる構造や設備、ネズミや昆虫の侵入を防止できる設備でなくてはなりません。

  - ▶施設内の窓枠やロッカーなどの上部を傾斜構造にすると、清掃が用意で、塵や埃が積もりにくくなります。

  - ▶シンクからの廃水は、排水溝に直接流れ込む構造として、廃水が床に垂れ流れないようにしてください。

  - ▶施設内の床に傾斜をつけると、水が排水溝に流れやすくなります。

  - ▶施設の出入口や窓は必ず閉めておきます。出入口や窓を開けて換気する場合は、網戸を設置して防虫対策を行います。

  - ▶排水溝を伝ってネズミが侵入しないように、施設と屋外との間に網や格子を設置します。

- 食品等の取扱い作業をする場所の真上は、結露しにくく、結露によるカビの発生を防止し、結露による水滴の落下により食品等を汚染しないよう、換気が適切にできる構造や設備にしてください。

  - ▶天井は不浸透性材料でつくります。天井に傾斜をつけるなど、結露が発生したときに壁の結露溝に誘導する構造もあります。

  - ▶結露が恒常的に発生する施設では除湿器を設置してください。

- 床、内壁、天井は、清掃、洗浄および消毒（以下、「清掃等」と略）を容易にすることができる材質にしてください。

  - ▶床はコンクリートやモルタル、リノリウムなどの材質があります。コンクリート床は耐熱性、耐摩耗、耐衝撃、防滑性、耐薬品性を考慮に入れ、作業する床ごとに合成樹脂系や無機系の塗剤を塗布してください。

  - ▶内壁・天井はステンレス、フッ素樹脂フィルムをコーティングしたものなどがあります。

  - ▶清掃等を容易に行うことができるように、床と壁の接合部はR構造や傾斜にしている施設が多いです（**写真6-2**）。

第6章 食肉を取り扱う施設の衛生管理

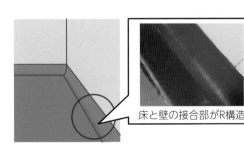

床と壁の接合部がR構造

床と壁の接合部が傾斜

写真6-2 床と壁の接合部は掃除しやすい構造

写真：フィリピンのパンパンガ州にある施設・Sabellano Meat and Poultry processing plant 提供

- 床面は不浸透性の材質でつくられ、排水が良好になるようにしてください。内壁は、床面から容易に汚染される高さまでは、不浸透性材料で腰張りしてください。
  - ▶排水溝の底は傾斜をつけて、廃水が施設の中の排水溝にとどまらないようにします。
- 照明設備は、作業、検査、清掃等を十分に行うことができるように、必要な照度を確保できる機能を備えてください。
  - ▶特に肉の表面のゼロトレランスを実施する場合は照度を上げてください（p.82参照）。

給水設備の要件

- 水道水、または、飲用に適する水を、施設の必要な場所に適切な温度で十分な量を供給することができる給水設備を設置してください。
- 水道水以外の水を使用する場合は、消毒装置や浄水装置を設置します。使用水の管理は80頁を参照してください。

手洗い設備の要件

- 従事者の手指を洗浄・消毒するための流水式手洗い設備を、必要な個数設置してください。水栓は洗浄後の手指の再汚染が防止できる構造（手のひらを使わないで、水を出したり止めたりする構造）としてください。
  - ▶流水式手洗い設備は、手指用洗浄剤・消毒剤、ペーパータオル、ペーパータオルを捨てるためのフタ付きごみ箱がそろって手洗い設備といいます。水栓は足踏み式、センサー式、肘押し式、膝押し式などがあります（図6-3）。
  - ▶手洗いの水は温水にしたほうが、従事者に優しく、脂汚れも落ちやすいです。
  - ▶ペーパータオルを捨てるごみ箱は、捨てるときに手がごみ箱のフタなどに接触しない構造としましょう。

排水設備の要件

- 排水溝は使用する水の量に応じた排水機能を有し、水で洗浄する区画や廃水、液性廃棄物等が流れる区画の床面に設置してください。
- 汚水が施設内に逆流しないよう配管され、適切に施設外に排出できるようにしてください。
- 配管は十分な容量で、適切な位置に配置します。
  - ▶床や排水溝は毎日の作業終了後に清掃等をします。排水溝はフタを取り、フタと溝を清掃しなければなりません。清掃作業に必要な水を排水できる排水溝を設置します。

トイレ設置の要件

- 作業場に汚染の影響を及ぼさない構造のトイレを、従事者の数に応じて設置してください。
  - ▶食品取扱施設から直接出入りできない場所に設置します。

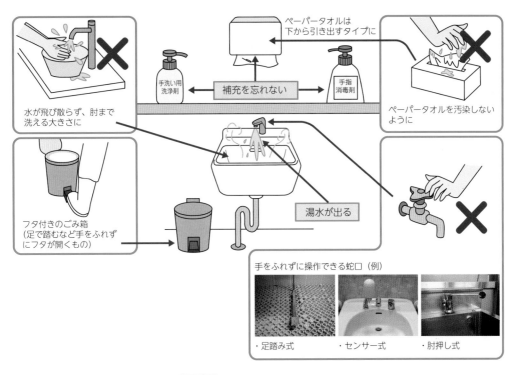

ペーパータオルは
下から引き出すタイプに

補充を忘れない

手洗い用
洗浄剤

手指
消毒剤

水が飛び散らず、肘まで
洗える大きさに

ペーパータオルを汚染しない
ように

フタ付きのごみ箱
(足で踏むなど手をふれず
にフタが開くもの)

湯水が出る

手をふれずに操作できる蛇口 (例)

・足踏み式　　　・センサー式　　　・肘押し式

図 6-3 推奨される手洗い設備

● 専用の流水式手洗い設備を有するトイレを、従事者の数に応じて設置してください。

その他の要件

● 食品等を衛生的に取り扱うために必要な機能をもつ冷蔵
または冷凍設備を必要に応じて設置します。食品に保存
基準が定められている場合は、保存基準を守ることがで
きる冷蔵・冷凍能力が必要です。

● ネズミや昆虫等の侵入を防ぐ設備、および侵入した際に
駆除するための設備を備えてください。

　▶作業終了後、ネズミ捕獲機やネズミ、ゴキブリ粘着ト
ラップなどを設置し、作業開始前に回収します。

　▶作業中、ハエなどの昆虫を捕獲する防虫
ネットを備えておきます。

　▶光で誘引する粘着捕虫器を設置します
(防虫フィルムを照明に張るなど)。

● 原材料の保管設備は、種類や特性に応じた
温度で、汚染を受けない状態で保管できる
十分な広さのものとしてください。また、

原材料保管設備　　　　　薬剤保管設備

第6章

食肉を取り扱う施設の衛生管理

97

施設で使用する洗浄剤、殺菌剤等の薬剤は、食品等と分けて保管する設備（薬品庫など）で保管してください。

- ●廃棄物を入れる容器、廃棄物を保管する設備は、不浸透性材料でつくられ、作業から出る廃棄物に応じた十分な容量を確保し、清掃がしやすく、汚液や汚臭が漏れない構造とします。

- ●製品を包装する場合、製品を衛生的に容器包装に入れることができる場所を確保し、そこで行ってください。通常、製品を一次包装する場所が、その製造工程での清潔区となります。

- ●更衣室は、従事者の数に応じた十分な広さがあり、作業場への出入りが容易な位置に設置してください。

- ●食品等を洗浄するために、熱湯や蒸気等を供給できる使用目的に応じた大きさおよび数の洗浄設備を設置してください。

- ●添加物を使用する施設（食肉製品製造業や食肉販売業等）では、添加物を専用で保管することができる設備、場所を確保し、添加物の使用に必要な計量器を備えてください。

3）機械器具

- ●食品等の製造、調理をする作業場の機械器具、容器その他の設備（以下、「機械器具等」と略）は、適正に洗浄、保守・点検することのできる構造にしてください。
  - ▶導入時には保守・点検が容易にできる機械器具等を、清掃しやすい位置に設置します。
  - ▶冷蔵・冷凍設備、加熱する装置などは、外から設備内・機器内の温度が確認でき、さらに温度の保守点検が容易なものを設置します。
  - ▶容器は中がみえるプラスチック製等で、容器やフタが破損しにくい、清掃しやすい構造とします。

- ●施設内には、作業に応じた機械器具等、容器を備えてください。
  - ▶食品に使用する機械器具等や容器は、じん埃が入らないようにビニールカバー等で覆う、密封容器に保管するなど、衛生が保持できる方法で保管してください。
  - ▶通常、1か月使用しないものは不要なものです。不要なものは作業施設外で保管してください。再度、作業に使用する際には、作業施設外で清掃等を行った後、作業施設内に設置し、再度、消毒をしてから使用してください。

- ●食品等に直接ふれる機械器具等は、耐水性材料でつくられ、洗浄が容易であり、熱湯、蒸気、殺菌剤で消毒が可能な構造としてください。

- ●固定している機械器具等は、作業に便利で、清掃・洗浄をしやすい位置に固定してください。組立式の機械器具等では、分解し、清掃しやすい構造としてください。
  - ▶調理施設等の冷蔵庫や作業台等の設備は、床に直置きをすると、床との隙間にごみや昆虫、ネズミ等が入り込みやすく、清掃が適切にできない場合は問題となります。これら設備の脚の長さを考慮するなど、床面との間に清掃しやすい空間をつくる工夫をしましょう。

- ●食品等を運搬する場合は、汚染を防止できる専用の容器を使用してください。

- ●冷蔵、冷凍、殺菌、加熱等の温度を保持する設備には温度計、必要に応じて圧力計、流量計その他の計量器を備えてください。
  - ▶定められた温度を保持していることがわかる温度計を、多くの従事者がみえる位置に設置

してください。温度計の横には、その温度を保持する施設の定められた温度帯を明記すれば、異常を早く探知できます。

- ▶設定した温度帯を超える温度となればアラームが鳴るシステムだと、異常を探知しやすくなります。
- ●作業場を清掃等するための専用の用具を必要数備えてください。その保管場所を設置し、従事者がそれらの用具を用いてどのように作業を行うか、作業内容を掲示してください。

7 主として食肉を扱う営業種の施設基準 ……………………………………

食品衛生法施行規則別表第20に定められた「営業ごとの施設基準」より、主に食肉を扱う営業種として食肉処理業、食肉製品製造業、食肉販売業の施設基準についてみていきます。

（1）食肉処理業の施設基準のポイント ─────────
1）鳥獣の肉・内臓等を分割・細切する営業の場合

- ●原材料の荷受、処理、製品の保管をする室や場所を保有してください。室を場所とする場合は、作業区分に応じて区画してください。
  - ▶基本的に食肉処理業の施設で分割・細切を行う工程は清潔区、包装工程以降は準清潔区になります。
- ●不可食部分を入れるための容器、廃棄に使用するための容器は、不浸透性材料でつくられ、作業から出る不可食部分や廃棄物の処理量に応じた容量を確保してください。これらの容器は消毒が容易で、汚液や汚臭が漏れない構造でフタを備えてください。
  - ▶容器のフタは、作業中は閉めておく必要はありません。フタを手で開けるとき、フタの取っ手を手のひらでふれると、手のひらを汚染するためです。作業終了後等、作業室から外に持ち出す際には、フタをしてください。
  - ▶食品取扱用プラスチックメッシュタイプコンテナは、不可食部分容器や廃棄物容器としてそのまま使用できません。使用する場合は、一時保管容器として、下に水受けを設置し、

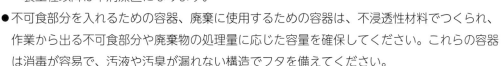
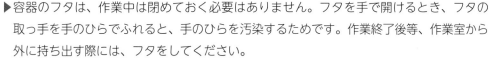

フタ付きの不可食部分容器
または廃棄物容器

食品取扱用プラスチック
メッシュタイプコンテナ
使用する場合は水受けを設置する

その上に置いてください。食品取扱施設から外に出すときは、この一時保管容器内のものを不可食部分容器または廃棄物容器に入れ、フタをしてください。
- ●製品が冷蔵保存を必要とする場合は10℃以下、冷凍保存を必要とする場合は－15℃以下となる冷蔵設備、冷凍設備を処理量に応じて備えてください。
- ●処理室は、食肉、内臓等を分割・細切するために必要な設備を備えてください。

▶食肉処理業の施設では分割・細切作業中に水を使用しません。作業終了後の清掃時には床に水をまいて洗剤とブラシなどの清掃用具を用いて清掃します。排水溝はフタと溝を作業終了後に清掃します。作業日ごとに清掃することを踏まえて排水溝を設置してください。多くの対アメリカ・対EUに食肉を輸出する施設では、清掃を容易にするため排水溝は浅く、フタも最小限しかありません。

2）食用の目的で野生鳥獣をとさつもしくは解体し、肉・内臓等を分割・細切する営業の場合

●とさつおよび放血をする場合は「とさつ放血室」、「剥皮(はくひ)をする場所」、「剥皮前のとたいの洗浄をする設備」を設けてください。また、必要に応じて「懸ちょう室」、「(野生鳥類の場合は)脱羽をする場所」および「羽毛、皮、骨等を置く場所」を保有してください。「処理前の生体・とたいを搬入する場所」と「処理後の食肉等の搬入および搬出をする場所」は区画してください。

●剥皮をする場所には、獣体をつるす懸ちょう設備と従事者の手指およびナイフ等の器具の洗浄・消毒設備を設置してください。

　▶と畜場では、写真6-3に示すような洗浄・消毒装置を設置しています。野生鳥獣の処理施設においても、同等の設備の設置が望まれます。

●懸ちょう室は、他の作業場所から隔壁により区画され、出入口の扉が密閉できる構造としてください。

●洗浄・消毒設備は、60℃以上の温湯と83℃以上の熱湯を供給することのできる設備を備え

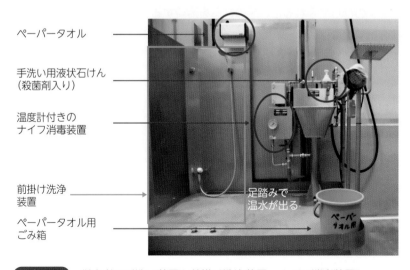

ペーパータオル

手洗い用液状石けん
（殺菌剤入り）

温度計付きの
ナイフ消毒装置

前掛け洗浄
装置

ペーパータオル用
ごみ箱

足踏みで
温水が出る

写真6-3 従事者の手洗い装置と前掛け洗浄装置、ナイフ消毒装置

写真：飛騨ミート農業協同組合連合会 提供

てください。また、供給する温湯および熱湯の温度を確認できる温度計を備えてください。

3）食用の目的で野生鳥獣の生体またはとたいを枝肉まで処理する自動車営業の場合

現在、移動式解体処理車（通称「ジビエカー」）が販売されています（p.117参照）。このジビエカーは次の施設基準の要件を満たす必要があります。

- ●処理室は、他の作業場所から隔壁により区画され、出入口の扉、窓等が密閉できる構造にしてください。
- ●処理頭数に応じ、水道水または飲用適の水を十分に供給する機能を備える貯水設備を備えなければなりません。シカ・イノシシを処理する場合は、成獣1頭あたり約100Lの水を供給できる貯水設備を確保しなければなりません。
- ●処理に使用した水の排水の貯留設備も備えなければなりません。貯留設備は、不浸透性材料でつくられ、汚液や汚臭が漏れない構造でフタを備えてください。
- ●車外で剥皮をする場合は、剥皮処理する場所を処理室の入口に隣接します。風雨やごみ、埃等によるとたいの汚染、昆虫等の剥皮場所への侵入を一時的に防止する設備を備えなければなりません。

4）血液を加工する施設の要件

- ●「運搬用具を洗浄・殺菌する室」、「原材料となる血液を貯蔵する室」、「血液を処理する室」、「冷蔵・冷凍設備」を備えなければなりません。また、必要に応じて「製品を包装する室」を備えます。採血から加工までが一貫して行われ、他の施設から血液が運搬されない施設では、「運搬器具を洗浄・殺菌する室」や「原材料となる血液を貯蔵する室」は不要です。なお、各室や設備は、作業区分に応じて区画することです。
- ●処理量に応じた原材料貯留槽、分離機等を備えてください。
- ●血液の「受入設備」から「充填設備」までの各設備は、サニタリーパイプで接続した構造にしてください。

（2）食肉製品製造業の施設基準のポイント ─────────

- ●原材料の保管、前処理、調合、製品の製造、包装、保管をする室や場所を保有してください。室を場所とする場合は、作業区分に応じて区画してください。
  - ▶食肉製品を製造するためには、多くの工程が存在します。製造工程図を作成し、作業区分（汚染区、準清潔区、清潔区）を行い、その作業区分に応じた区画や衛生作業を実施することです。作業区分を作成する場合は、先述した手引書（p.74参照）を参考にしてください。
- ●製品の製造をする室や場所には、必要に応じて殺菌、乾燥、くん煙、塩漬け、製品の中心部温度の測定、冷却等をするための設備を設置してください。
  - ▶製造する食肉製品の規格基準に従い、そして、自社で設定したHACCP計画に基づき、

殺菌、乾燥、くん煙、塩漬け、製品の中心温度、冷却など、モニタリングするための設備や機器を用意します。

（3）食肉販売業の施設基準のポイント

　食肉販売業（容器包装に入れられた食肉を仕入れ、そのまま販売する場合を除く）の施設基準は次のとおりです。

- ●処理室を備えなければなりません。処理室には、食肉、内臓等を分割するために必要な設備を備えておかなければなりません。
- ●製品が冷蔵保存を必要とする場合は10℃以下、冷凍保存を必要とする場合は－15℃以下となる冷蔵設備、冷凍設備を処理量に応じて備えてください。
- ●不可食部分を入れるための容器、廃棄に使用するための容器は、不浸透性材料でつくられ、作業から出る不可食部分や廃棄物の処理量に応じた容量を確保してください。これらの容器は消毒が容易で、汚液や汚臭が漏れない構造でフタを備えてください。

（4）食肉販売業に併設される
　　「簡易な飲食店営業」の施設基準

　食肉販売業の許可を受けた施設が、トンカツやコロッケなどを調理し、調理品を提供する場合は「簡易な飲食店営業」が必要です。

　簡易な飲食店営業とは、そのままの状態で飲食に供することのできる食品を食器に盛る、そうざいの半製品を加熱する等の簡易な調理のみをする営業をいい、従来の喫茶店営業も含まれます。簡易な飲食店営業の施設基準は次のとおりです。

- ●床面および内壁は、食品衛生上支障がないと認められる場合は、不浸透性材料以外の材料を使用することができます。
- ●排水設備は、食品衛生上支障がないと認められる場合は、床面になくてもよいです。
- ●冷蔵または冷凍設備は、食品衛生上支障がないと認められる場合は、施設外に有してもよいです。
- ●食品を取り扱う区域は、従事者以外の者が容易に立ち入ることのできない構造であれば、区画されていなくてもよいです。

　また、すべての営業許可施設の共通基準にある製品包装場所の基準※は適用されません。

※製品を包装する営業にあっては、製品を衛生的に容器包装に入れる場所を有すること

第 7 章

ジビエ（野生鳥獣肉）の
衛生的な取扱い

第7章

ジビエ（野生鳥獣肉）の衛生的な取扱い

1 ジビエとは

　「ジビエ」（フランス語で gibier）とは、食べるために狩猟し、捕獲した野生の鳥類や動物およびそれらの肉のことをいいます。英語では狩猟する動物を Game animal、それらの肉を Game meat といいます。わが国でジビエといえば、野生のシカやイノシシ、クマ、野ウサギをはじめ、山鳩、真鴨、小鴨、尾長鴨、カルガモ、キジ、コジュケイ、カラ

ス、また、フランスでは狩猟禁止とされている貴重なタシギ等の鳥類や、ヌートリア、ハクビシンといった珍しい動物も含まれます。近年はイノシシ肉やシカ肉などのジビエ料理をメニューに掲げる飲食店も散見されはじめました。

2 野生鳥獣による被害防止と安全性確保のための施策

　近年、わが国では野生鳥獣の個体数の増加、生息地の拡大、自然生態系の破壊、希少植物の食害、農林業への甚大な被害等が進んでいます。2021年度の農作物被害金額は約155億円で、シカによる被害（約61億円）が最も多く、次いでイノシシによる被害が約39億円でした（図7-1）。
　鳥獣被害が、農林水産業に対する被害だけでなく、人身被害や交通事故の発生など、広域化・深刻化していることから、鳥獣被害防止のための施策を総合的かつ効果的に推進するため、2007年に「鳥獣による農林水産業等に係る被害の防止のための特別措置に関する法律」が制定されました。また、野生鳥獣の保護を目的として存在した「鳥獣の保護及び狩猟の適正化に関する法律」を2014年に一部改正し、名称も「鳥獣の保護及び管理並びに狩猟の適正化に関する法律」（以下、「鳥獣保護管理法」と略）と改め、一部の鳥獣については積極的に捕獲を行い、生息状況を適正な状態に誘導する「鳥獣の管理」という施策転換を図りました（図7-2、図7-3）。この鳥獣保護管理法への改正時の附帯決議の一つに、「捕獲された鳥獣を可能な限り食肉等として活用するため、国において最新の知見に基づくガイドラインを作成するとともに、各都道府県におけるマニュアル等の作成を支援するなど衛生管理の徹底等による安全性の確保に努めること」の旨が示されました。
　厚生労働省は、2014年に「野生鳥獣肉の衛生管理に関する指針（ガイドライン）」（以下、「ガイドライン」と略）を作成しました。このガイドラインには、野生鳥獣を取り扱う者が、狩猟か

ら解体処理、食肉としての販売、消費に至るまで、野生鳥獣肉の安全性確保を推進するため、狩猟者や食肉処理業者等が守るべき衛生措置が盛り込まれています。

　2017年の「未来投資戦略2017」に、攻めの農林水産業の展開として新たに講ずべき具体的施策に「ジビエの利活用の促進等」があげられました。「鳥獣被害防止のため有害鳥獣の捕獲を強化するとともに、捕獲鳥獣の有効活用を通じた地域の所得向上を図るため、ジビエの需要開拓を図りつつ、人材育成、流通ルールの導入など安全・安心なジビエの供給体制を整備する」ことが示されています。これを受け、農林水産省は2018年に、「より安全なジビエ（捕獲した野生のシカ及びイノシシを利用した食肉をいう）の提供と消費者のジビエに対する安心の確保を図ること」を目的として「国産ジビエ認証制度」を制定し、野生鳥獣肉の消費拡大を推進しています。

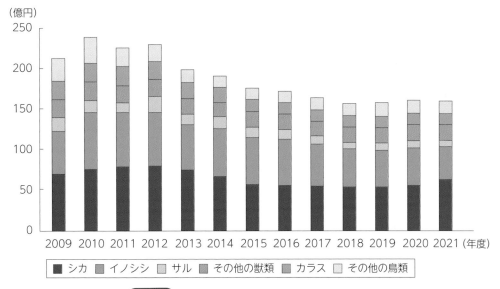

図7-1 野生鳥獣による農作物被害金額の推移

農林水産省「全国の野生鳥獣による農作物被害状況について（令和3年度）」より

ジビエ（野生鳥獣肉）の衛生的な取扱い

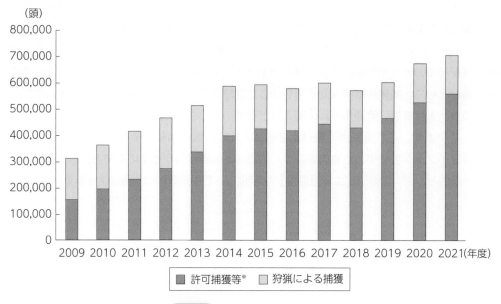

（頭）

図7-2 ニホンジカの捕獲頭数

凡例: ■ 許可捕獲等※　□ 狩猟による捕獲

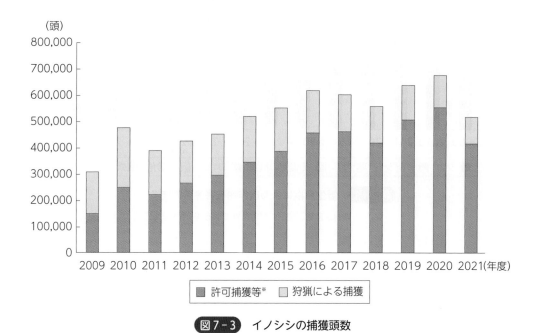

（頭）

図7-3 イノシシの捕獲頭数

凡例: ■ 許可捕獲等※　□ 狩猟による捕獲

※ 「許可捕獲等」は、環境大臣、都道府県知事、市町村長による鳥獣捕獲許可の中の「被害の防止」、「第一種特定鳥獣保護計画に基づく鳥獣の保護（平成26年の法改正で創設）」、「第二種特定鳥獣管理計画に基づく鳥獣の数の調整（平成26年の法改正で創設）」、「特定鳥獣保護管理計画に基づく数の調整」および「指定管理鳥獣捕獲等事業（平成26年の法改正で創設）」である。

図7-2、7-3：環境省「野生鳥獣の保護及び管理『捕獲数及び被害等の状況等』」より
2018～2021年度は速報値

3　国産ジビエ認証制度 ···

「国産ジビエ認証制度」は、食肉処理施設の自主的な衛生管理等を推進するとともに、より安全なジビエの提供と消費者のジビエに対する安心の確保を図ることを目的としたもので、衛生管理基準ならびにカットチャートによる流通規格の遵守、適切なラベル表示によるトレーサビリティの確保等を適切に取り組む食肉処理施設の認証を行うものです。

申請から認証までの流れ

図7-4に国産ジビエ認証制度および認証マーク使用の概要を示します。国産ジビエ認証委員会が申請された書類を審査した結果、すべての要件に適合し、適正な運営ができると認められた法人を認証機関として登録します。2023年1月31日現在で、(一社)日本ジビエ振興協会およびジビエラボラトリー(株)が認証機関として登録されています。

食肉処理事業者は、国産ジビエ認証制度を理解した後、本制度で規定した施設の図面や工程図、作業記録、自主検査や衛生管理計画に関する記録等の書類をそろえて認証機関に申請をします。認証機関は書類審査および現地審査を実施した後、国産ジビエ認証の要求をすべて満たしていることを確認した場合は、本施設を認証します。これまで32施設が国産ジビエ認証施設として登録されています。認証された事業者は認証マーク（**図7-5**）の使用申請を認証機関に申請し、使用許諾を受けます。認証マークは、国産ジビエ認証を取得した食肉処理施設で製造されるジビエ製品、ジビエ加工品、販売促進資材に使用することができます。ただし、ガイドラインでは「内臓は食べないこと」を推奨しているので、内臓を使った製品・加工品については、マークを使用できません。

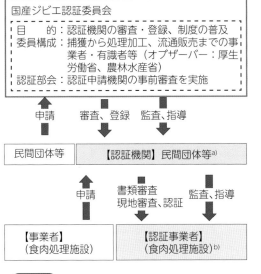

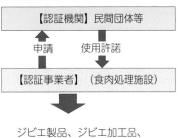

図7-4　国産ジビエ認証制度および認証マーク使用の概要（2023年1月31日現在）

国産ジビエ
認証

図7-5　国産ジビエ認証のマーク

詳細は農林水産省ホームページをご覧ください*1。

4　野生鳥獣の衛生管理の重要性

（1）野生鳥獣にひそむ危険性

　野生鳥獣の流通は、獣畜や家きんとは異なります。獣畜や家きんは生産農場で健康管理や飼料管理、飼養方法などの管理が行われています。これらのとさつ・解体の際は、と畜場ではと畜場法、食鳥処理場では食鳥検査法に基づき1頭（羽）ずつ検査が行われ、食品衛生法と相まって食肉の安全性が確保されています。

　一方、野生鳥獣は、獣畜や家きんのように生産段階での管理ができていません。そのため、腸管出血性大腸菌、カンピロバクター、E型肝炎ウイルス、寄生虫などの食中毒病因物質を保有している可能性が獣畜や家きんよりも高いといえます。さらに、食用に解体するときに病気の有無等の検査が義務づけられていないため、これら野生鳥獣の肉は食品衛生上の観点から危険性が高い食品といえます。

（2）衛生的に処理するために

　本項以降では、厚生労働省が作成したガイドラインの記述に合わせ、野生鳥獣は狩猟したイノシシとシカ（わなで捕獲した後に飼養した個体を含む）とし、「ジビエ」はこれらを処理したのちに得られる食肉、「ジビエ処理」は野生鳥獣を処理して食肉にすること、「ジビエ処理施設」は野生鳥獣を処理してジビエにする施設と定義します。

　ジビエ処理は獣畜や家きんとは異なる処理が行われていることを踏まえた、独自の衛生管理が必要となります。ガイドラインは、ジビエを衛生的に食用利用するため、捕獲から剥皮、解体処理といった一連の食肉処理工程における衛生上の注意点が示されています。イノシシおよびシカを念頭に作成されていますが、他の野生鳥獣の処理を行う際にも留意すべきとなっています。また、本ガイドラインとともに、「カラーアトラス」も作成されています。これらは厚生労働省のホームページから入手できます*2。

---

*1国産ジビエ認証制度：http://www.maff.go.jp/j/nousin/gibier/ninsyou.html、農林水産省農村振興局農村政策部鳥獣対策・農村環境課鳥獣対策室

表7-1	独自に策定したジビエの衛生管理を指導している自治体						
北海道	岩手県	栃木県	埼玉県	千葉県	富山県	石川県	福井県
山梨県	甲府市	長野県	岐阜県	静岡県	愛知県	豊田市	岡崎市
三重県	滋賀県	兵庫県	奈良県	和歌山県	鳥取県	島根県	岡山県
山口県	下関市	徳島県	香川県	高松市	愛媛県	松山市	高知県
福岡県	熊本県	大分県	宮崎県	鹿児島県			

厚生労働省「令和3年度野生鳥獣肉の衛生管理等に関する実態調査の結果について」
（令和4年3月31日付け薬生食監発0331第1号）より

　2018年の食品衛生法改正により、原則としてすべての食品等事業者はHACCPに沿った衛生管理を実施しています。ジビエ処理業者は小規模が多いため、多くの施設は「HACCPの考え方を取り入れた衛生管理」を行っています。ガイドラインに基づき、（一社）日本ジビエ振興協会が作成した「小規模ジビエ処理施設向けHACCPの考え方を取り入れた衛生管理のための手引書」（以下、「ジビエHACCP手引書」と略）も、厚生労働省のホームページから入手できます[*3]。

　食品衛生法施行規則別表第20には、食肉処理業の施設基準が定められており、「生体またはとたいを処理する場合の要件」や「自動車において生体またはとたいを処理する場合の要件」が示されています。この食品衛生法施行規則に沿って、地方自治体で条例、規則、ガイドライン等がつくられています。ジビエ処理業者に、独自に策定したジビエの衛生管理を指導している地方自治体は表7-1のとおりです。ジビエ処理を行う場合や、ジビエ処理施設を新たにつくる場合などは、管轄の保健所に相談してください。

5　野生鳥獣の狩猟、捕獲時の取扱い

（1）野生鳥獣に関する異常の確認
　狩猟しようとする、または狩猟した野生鳥獣に関しては、表7-2のような異常が一つでもみられる個体を食用にしてはいけません。

＊2 野生鳥獣肉の衛生管理に関する指針（ガイドライン）およびカラーアトラス：https://www.mhlw.go.jp/stf/seisakunitsuite/bunya/kenkou_iryou/shokuhin/syokuchu/01_00021.html
＊3 小規模ジビエ処理施設向けHACCPの考え方を取り入れた衛生管理のための手引書：https://www.mhlw.go.jp/content/11130500/000795881.pdf

表7-2	野生鳥獣の外見および挙動の異常

イ 足取りがおぼつかないもの
ロ 神経症状を呈し、挙動に異常があるもの
ハ 顔面その他に異常な形（奇形・腫瘤等）を有するもの
ニ ダニ類等の外部寄生虫の寄生が著しいもの
ホ 脱毛が著しいもの
ヘ 痩せている度合いが著しいもの
ト 大きな外傷が見られるもの
チ 皮下に膿を含むできもの（膿瘍）が多くの部位で見られるもの
リ 口腔、口唇、舌、乳房、ひづめ等に水ぶくれ（水疱）やただれ（びらん、潰瘍）等が多く見られるもの
ヌ 下痢を呈し尻周辺が著しく汚れているもの
ル その他、外見上明らかな異常が見られるもの

狩猟者の注意点

- 狩猟者は狩猟する地域の家畜伝染病の発生状況について、積極的に情報の収集に努め、狩猟しようとする地域において野生鳥獣に家畜伝染病のまん延が確認された場合は、当該地域で狩猟した個体を食用に供してはなりません[4]。
- 生きている状態を確認できず、すでに死亡している野生鳥獣は食用に供してはいけません。
- 表7-2の項目に該当しないことを確認した記録を作成し、ジビエ処理業者に伝達するとともに、適切な期間保存します。

（2）屋外における気絶処理、放血

　野生鳥獣はスタニング（気絶処理）した後に、心臓の大動脈から分岐する腕頭動脈をカットすることによる「放血」を行っています（**写真7-1**）。野生鳥獣も食肉の品質を保つためには、放血を行うことが求められます。よって、檻で捕獲されたイノシシやシカでは電気でのスタニングの後に、大動脈の切除により放血を行うことで、獣畜と同様の品質を保持することができます。

写真7-1　放血

　放血は、捕獲された場所で行われることが多いです。放血に使用するナイフなどは1頭処理するごとにアルコール綿での消毒、火炎滅菌を行います。ジビエ処理施設で放血する場合は、ナイフなどを83℃以上の温湯に浸した後に実施します。

＊4：豚熱に関しては、農林水産省が策定した「豚熱感染確認区域におけるジビエ利用の手引きについて」（令和3年4月1日付け2消安第6357号・2農振第3720号）に従い、捕獲から出荷まで適切な措置を行う。豚熱流行地域の豚熱ウイルスの浸潤状況調査で捕獲された野生イノシシのみ、その野生イノシシの豚熱検査を実施し、陰性のものは食用とすることができる。

6　ジビエ処理施設の衛生区分と一般的な作業工程

　衛生的なジビエ処理はガイドラインおよびジビエ HACCP 手引書等に従って作業を実施します。この作業工程は、原則として、屋外では放血までを実施し、ジビエ処理施設に搬入した野生鳥獣（イノシシおよびシカ）を対象とします。

（1）ジビエ処理施設の衛生区分

　ジビエ処理施設の衛生区分の例を**図7-6**に示します。剥皮までが「汚染区」、剥皮を終えると「準清潔区」です。枝肉の分割・細切室は「清潔区」、段ボール箱などを扱う包装室は「準清潔区」となります。

- 食品となるものの加工ラインと廃棄物ラインは交差させてはいけません。
- 手洗い装置（p.100参照）は衛生区分ごとに設置します。
- ナイフ等の温湯消毒装置（**写真7-2**）は作業者の近くに設置し、作業しやすいよう移動可能であることを基本とします。
- ジビエ処理施設室内はドラ

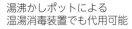
湯沸かしポットによる
温湯消毒装置でも代用可能

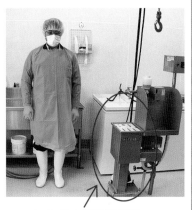
ナイフ等の温湯消毒装置

写真7-2　ナイフ等の温湯消毒装置

イフロアで作業するため、肛門結さつ～トリミングまで（**図7-7、7-9**）は水を使用することはありません。手洗い装置からの廃水は直接排水溝に流れ込むようにします。
- 枝肉をトリミングする場所は照度を上げて、被毛等の異物を容易に発見できるようにします。
- 枝肉はトリミング終了後に水で洗浄するので、廃水は排水溝に流れるようにします。

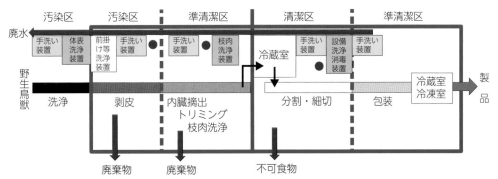

●：温湯消毒装置（温湯消毒装置は作業者の近くに移動可能とする）　➡：廃棄物ライン

図7-6　野生鳥獣の処理で要求されるゾーニングと装置の配置等

（2）一般的な作業工程・区分で気をつけること

ジビエ処理施設での一般的な作業工程を**図7-7**、7-9に示します。ここでは作業上、特に気をつけることを記述します。

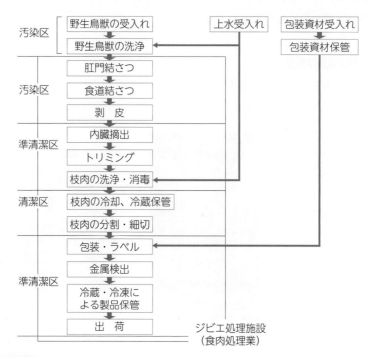

図 7-7 ジビエ処理施設でのイノシシおよびシカの一般的な作業工程・区分

汚染区

1）野生鳥獣の受入れ

ジビエ処理業者は、研修等により野生鳥獣の適切な衛生管理の知識や技術を保有していなければなりません。また、原材料となる野生鳥獣の受入れは慎重に行わなければなりません。野生鳥獣の受入れ時は、狩猟者に**表7-2**の項目を確認します。さらに1頭ごとに、天然孔、排出物や可視粘膜の状態について異常の有無を確認するとともに、捕獲時の状況も踏まえ、食べられるものか否かについて総合的に判断する必要があります。

上述の記録は作成しなければなりません。「ジビエHACCP手引書」にその記録様式も掲載されています。

2）野生鳥獣の洗浄（写真7-3）

野生鳥獣の洗浄はジビエ処理施設の外で行うことが多いです。野生鳥獣はダニ、ノミ、シラミなどの外部寄生虫が付着しているので、洗浄とともに、これらの外部寄生虫を除去しなければなりません。多くの施設では、83℃以上の温湯を野生鳥獣にかけたり、野生鳥獣の表面全体をバーナーで軽くあぶるなどの処理をしています。水が滴らなくなったらジビエ処理施設内に移動させます。

写真7-3　洗浄（施設外での作業）（写真左：洗浄、右：水切り）

・ジビエ処理で水を使用するところは野生鳥獣の体表洗浄と枝肉洗浄のみ

3）肛門結さつ（写真7-4）

　肛門結さつの作業はジビエ処理施設内で実施されます。消化管内容物が漏れ出さないように肛門の周囲にナイフを入れたのち、肛門をビニール袋で覆い、直腸を肛門の近くで紐やゴム、結束バンド等を使い、二重に結さつします。その後、腹腔内に押し込みます。

　個体に直接接触するナイフ、結さつ器その他の機械器具については、1頭を処理するごとに（外皮に接触すること等により汚染された場合は、そのつど）83℃以上の温湯消毒装置に浸すことによって洗浄・消毒します。

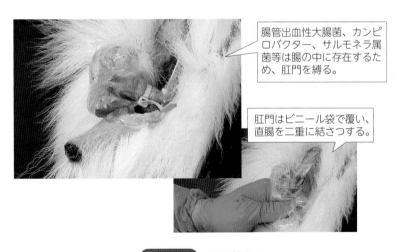

腸管出血性大腸菌、カンピロバクター、サルモネラ属菌等は腸の中に存在するため、肛門を縛る。

肛門はビニール袋で覆い、直腸を二重に結さつする。

写真7-4　肛門結さつ

4）食道結さつ（写真7-5）

　消化管の内容物が漏出しないよう、食道を第一胃の近くで結さつします。イノシシやシカの食道は気管の後ろに付着しているので、食道は気管と一緒に結さつします。

　個体に直接接触するナイフ、結さつ器その他の機械器具については、1頭を処理するごとに

（外皮に接触すること等により汚染された場合は、そのつど）83℃以上の温湯消毒装置に浸すことによって洗浄・消毒します。

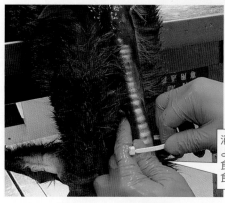

消化管の内容物が漏出しないよう食道を縛る。
食道は気管の後ろにあるが、食道と気管を同時に結束する。

写真7-5　食道結さつ

5）剝　皮（写真7-6、写真7-7）

　剝皮の基本は「必要な最少限度の切開をした後、ナイフを消毒し、ナイフの刃を手前に向け、皮を内側から外側に切開すること」です。また、剝皮した外皮部分は、丸くなり外皮が肉面に付着しやすいので、外皮による汚染を防がなければなりません。剝皮された部分が外皮により汚染された場合、汚染部位を完全にトリミング（切り取り）してください。手指が外皮等に汚染された場合は、そのつど洗浄・消毒してください。

　剝皮までの工程は汚染区となるので、剝皮の作業終了時には、エプロン、長靴をはずし、ブラシ等で帽子、衣類等に付着した被毛を十分に払い落としたうえで、清潔なエプロンや長靴に着替えてください。その際、払い落とした被毛やはずしたエプロンで枝肉を汚染しないよう十分に注意してください。

・消毒したナイフで必要最小限の切開をしたのち、ナイフを消毒し、ナイフの刃を手前に向け、外皮を内側から外側に切開する。
・外皮に汚染された部位を、消毒したナイフでトリミングする。水洗いは禁止。
・個体に直接接触するナイフ、動力付き剝皮ナイフ、結さつ器その他の機械器具については、1頭を処理するごとに83℃以上の温湯を用いること等により洗浄・消毒する。

写真7-6　剝皮の基本作業

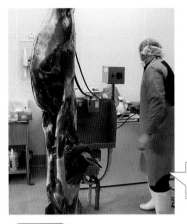

剥皮終了後は清潔なエプロン、長靴等に着替える。

写真7-7 剥皮の作業中

6）内臓摘出（写真7-8）

　ここからの工程は準清潔区になります。個体が消化管の内容物により汚染されないように行ってください。内臓は直接床におかず、内臓受け容器に入れ、そこで内臓の異常の有無を確認してください。消化管内容物により枝肉が汚染された場合、迅速に他の部位への汚染を防ぐとともに、汚染された部位は食用にはなりませんので、完全に切り取って廃棄してください。手指が消化管の内容物等により汚染された場合、そのつど洗浄・消毒してください。

　内臓の異常の有無を確認し、異常であれば枝肉・内臓ともに廃棄します。カラーアトラスをみて勉強をしてください。また、研修を受けて自己研さんをしてください。なお、ガイドラインでは、内臓は「肉眼的に異常が認められない場合も、微生物及び寄生虫の感染のおそれがあるため、可能な限り、内臓については廃棄することが望ましい」と記載されています。

・清潔な作業着で、消化管内容物が漏出しないように慎重に実施する。
・まずは全体をみて、異常がないか確認する。
・部分切除、病変部の切開等は行わない（汚染防止）。
・摘出した内臓は適切な衛生管理の知識および技術を有している人が、異常の有無を確認し記録する。

心臓のみは切開し、心筋や左右の房室弁を観察する。

・個体に直接接触するナイフなどについては、1頭を処理するごとに（消化管の内容物等に汚染された場合は、そのつど）83℃以上の温湯を用いること等により洗浄・消毒する。

写真7-8　内臓摘出

7）トリミング（写真 7 - 9 ）

　洗浄の前に、枝肉に被毛、消化管内容物等による汚染があるかどうか確認してください。このとき、照明の照度が高いほうが汚染を発見しやすいです。被毛や消化管内容物等による汚染が認められた場合は、汚染部位を完全に切り取る（トリミング）作業を行ってください。着弾部位（弾丸が通過した部分を含む）の肉についても、汚染されている可能性があることから完全に切り取り、食用に供してはいけません。

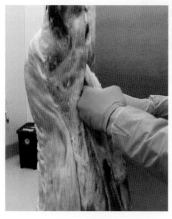

・枝肉のリンパ節の観察
　リンパ節に異常があればリンパ周辺に炎症などがある。
・枝肉全体の観察
　被毛等の付着物がついていた場合は水で洗い流さずにトリミングする。
・使用するナイフについては、1頭処理するごとに83℃以上の温湯を用いること等により洗浄・消毒する。

写真 7 - 9　トリミング

8）枝肉の洗浄・消毒

　完全にトリミングを実施した枝肉については、飲用適の水を用いて、十分な水量を用いて洗浄を行ってください。その際、洗浄水の飛散による枝肉の汚染を防いでください（床からの水はねによる汚染が起こりやすい）。

　多くのジビエ処理施設では、次亜塩素酸ナトリウムや電解水（次亜塩素酸水）による枝肉の消毒を実施しています。消毒を実施した後は飲用適の水で洗浄し、洗浄水の水切りを十分に実施してください。

------------------------------- 清潔区 -------------------------------

9）枝肉の冷却、冷蔵保管

　枝肉（食用に供する内臓を含む）は速やかに10℃以下に冷却しなければなりません。冷蔵施設は清潔区です。常に清潔な状態に保ち、冷蔵施設の規模、能力、冷蔵する枝肉の数量等を総合的に考えて、枝肉を10℃以下の温度で冷蔵できるような温度管理を行ってください。

10）枝肉の分割・細切

　カット工程も清潔区になります。清潔なまな板にアルコール噴霧後、清潔なナイフを83℃以上の温湯消毒装置で消毒後、作業をしてください。

11）包装・ラベル

衛生的な場所に保管された、衛生的な包装資材を用いて包装をしてください。表示は食品表示法に従い、適切に表示してください。

12）金属検出

金属検出機は、「国産ジビエ認証制度」では必須ですが、一般の食肉処理業では必須な機器ではありません。金属や異物の検出は、目視やふれることでも可能です。その施設で製品の危害要因分析をした結果、必要である場合は、金属検出機を導入してください。

13）冷蔵・冷凍による製品保管

製品を冷蔵保存する場合は10℃以下で、冷凍保存する場合は−15℃以下を保持してください。冷蔵・冷凍設備は常に清潔な状態に保ち、冷蔵・冷凍設備の規模、能力、冷蔵・冷凍する製品の数量等を総合的に考えてください。

14）出荷

搬出先まで、製品が10℃以下を保持できるような輸送方法としてください。

（3）移動式解体処理車「ジビエカー」を用いたジビエ処理

野生鳥獣の捕獲現場において、枝肉の冷却まで行うことができる移動式解体処理車「ジビエカー」が販売されています（図7-8）。この特殊車両も食肉処理業の許可を取得しないと、ジビエカーとして営業することはできません。また、枝肉の分割・細切室などは別途、食肉処理業を取得したジビエ処理施設が必要です。

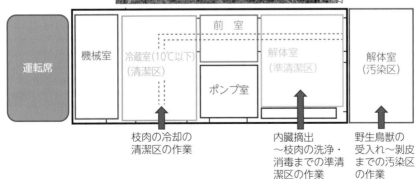

図7-8 移動式解体処理車「ジビエカー」の構造

写真7-1〜7-10、図7-8の写真：一般社団法人日本ジビエ振興協会 提供

・野生鳥獣の受入れ〜剥皮までの汚染区作業：車の後部扉の上に簡易的な区画を作製し、そこで
　実施します。
・内臓摘出〜枝肉の洗浄・消毒までの準清潔区作業：車内の解体室で実施します。
・枝肉の冷却の清潔区作業：車内の冷蔵室で実施します。冷蔵室に保管された枝肉は、常設の食
　肉処理施設に搬入し、そこで枝肉の分割・細切以降の作業を実施します。

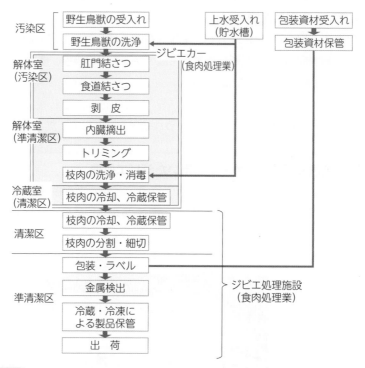

図 7-9 ジビエカーを用いたイノシシおよびシカの一般的な作業工程・区分

小型冷蔵施設付きジビエ搬送専用車（ジビエカージュニア）

　捕獲・放血した野生鳥獣をジビエ処理施設に搬
入するための小型冷蔵施設付きジビエ搬送専用車
「ジビエカージュニア」（写真7-10）も開発され
ています。この自動車は食肉処理業の営業許可は
不要です。捕獲・放血した野生鳥獣を冷蔵状態で
ジビエ処理施設に運搬することができるため、特
に高温の夏季において有効に稼働しています。

写真7-10 小型冷蔵施設付きジビエ搬送
専用車「ジビエカージュニア」

7　ジビエの加工・調理・販売、消費までに気をつけること

　飲食店や食肉販売店がジビエ処理施設から出荷されたジビエを仕入れ、加工・調理・販売する際、どのようなことに注意すればよいでしょうか。ここでは仕入れから加工・調理・販売時におけるジビエの取扱い方法を概説します。

（1）仕入れ時の確認

　まず飲食店や食肉販売店がジビエを仕入れる場合、食品衛生法に基づく食肉処理業の営業許可を取得した施設で解体された肉を仕入れなければなりません。次に仕入先の責任者から、当該個体の狩猟および処理についての情報を得て、原材料の安全性を以下のように確保します。

色や臭い等に異常はないか
check

- ●色や臭い等の異常や異物の付着等がないか確認し、異常のある場合は仕入れを中止する。
- ●処理や調理の途中で色や臭い等の異常がある場合は取扱いを中止し、廃棄するとともに、その旨を仕入先に連絡する。
- ●仕入れたものに添付されている記録は、流通期間等に応じて適切な期間保存する。

（2）加工・調理・提供時の取扱い

処理と保管

　仕入れたジビエは他の食肉と区別して10℃以下で保管します。ただし、細切したジビエを凍結し容器包装に入れられたものは－15℃以下で保管します。

　使用する器具および容器は、処理終了ごとに洗浄し、83℃以上の温湯または200ppm以上の次亜塩素酸ナトリウム等による消毒を行い、衛生的に保管します。

調理・提供

　ジビエは生食用として提供してはいけません。ジビエを調理する場合は、十分な加熱調理（中心部の温度が75℃で1分間以上またはこれと同等以上の効力を有する方法）[5]を行います。

＊5：「食肉による食中毒防止のための加熱条件として、中心部を75℃で1分間加熱することが必要とされていますが、この「75℃、1分」と同等な加熱殺菌の条件として、「70℃、3分」、「69℃、4分」、「68℃、5分」、「67℃、8分」、「66℃、11分」、「65℃、15分」が妥当と考えられています。」　厚生労働省「野生鳥獣肉（ジビエ）に関するQ＆A」より

第7章　ジビエ（野生鳥獣肉）の衛生的な取扱い

　ジビエを用いて製造されたハム、ソーセージ等の食肉製品を仕入れ、提供する場合も、食肉処理業の許可施設で解体されたもの、かつ、食肉製品製造業の営業許可を受けた施設で製造されたものを使用してください。

　ジビエを食肉製品に加工するときは、食品衛生法に基づく食肉製品の規格基準に従います。詳細は第6章を参照してください。

（3）販売時の取扱い

　食肉販売業者がジビエを販売する場合は以下のように取り扱い、健康被害を防止するための情報を提供してください。

- ●獣畜の食肉とジビエは区別して保管する。
- ●ジビエの種類、加熱加工用である旨を明示して販売する。

（4）消費者への注意喚起

　野生で生息するジビエは飼養管理されていないことから、食中毒病因物質に感染していることがあります。また、ジビエ処理施設で解体処理する過程でも肉や内臓等に食中毒病因物質が付着したまま出荷される可能性があります。これを消費者が生や加熱不十分なままで食べると、重篤な食中毒を起こす危険性があります。特に子どもや高齢者など抵抗力の弱い方は注意が必要です。しかし、これらは十分な加熱により死滅します。したがって、ジビエはよく加熱して食べるよう、消費者に注意喚起することが大切です。

　消費者がジビエによる食中毒の発生を防止するためのポイントは、以下のとおりです。

- ●中心部の温度が75℃で1分間以上またはこれと同等以上の効力を有する方法により、十分に加熱して喫食する。
- ●まな板、包丁等使用する器具は、加熱しないで食べる食品や加熱済み食品に使用するものとは使い分ける。また、処理終了ごとに洗浄・消毒し、衛生的に保管する。

第 **8** 章

食肉の衛生に関する法令等

第**8**章

食肉の衛生に関する法令等

1 食文化としての食習慣（慣習法）

　肉、魚介類、野菜、穀類、調味料などのさまざまな食材を調理して、家族、親戚などの身近な人に料理を食べてもらうことには、なんの規制もありません。本来、食事を提供する行為自体は自由です。ただし、それぞれの国や地方には「食文化」というものが潜在的に存在していて、食べていいもの・いけないものの区別が暗黙の了解であったり、調理の方法についても、必ず加熱をしてから食べるものとされていたり、水晒しなどの前処理をしてから調理するものなど、人類が経験的に安全でおいしく食べるための知恵が「食文化」として蓄積され、伝承されてきました。このような地域ごとの「食文化」というものは、食品を安全に提供するための重要な礎となっていることを再認識することが大切です。いわば、こういった「食文化」は明文化されていない暗黙の了解事項として、いわゆる「慣習法」として、明文化されている各種の食品衛生規格や基準をバックアップしていることを忘れてはいけません（**図8-1**）。言い方をかえれば、法律や基準に書かれていない方法であれば、どんなことでも許されている、と考える人々がいますが、これは全く間違った考え方であるということです。

　以前、生で提供された牛肉のユッケで腸管出血性大腸菌による食中毒を起こして、死者を出す事件が発生しました。国は、牛肉と牛肝臓を生食用として提供することを禁止しました（その後、加工基準を設定して生食用「牛肉」について禁止を解除しています）が、その結果、豚肉は禁止されていないから食べてもいいものと勝手に解釈して、牛肉ユッケの代替品として生豚肉を提供する飲食店が現れました。これは豚肉を生で食べると寄生虫症にかかるから、豚肉はよく火を通してから食べるもの、という食文化を無視した行為でした。このように明文化されてはいないけれども、その国、そこに住んでいる人たちが共有してきた「規範」をないがしろにする一部の人たちがいるため、国は新たに「豚肉および豚内臓の生食」を禁止する法令をつくらざるをえなくなりました。

　ところで、日本国憲法においては基本的人権として「職業選択の自由」が保証されています。人は誰でも、食事を提供する営業行為を行う自由を保証されているわけです。

　一方で、日本国憲法は、国民が健康であること（公衆衛生）も保証しています。食事を提供する営業行為の自由を保証するとともに、それを食べた国民が感染症にかかったり、食中毒になったりすることを防止する義務があります。

　この2つは、時代時代の社会や国民が納得するレベルでバランスをとっていく必要があります。食文化としての食習慣（いわゆる「慣習法」といえるもの）は、必ずしも明文化されていないため、あいまいさが否めません。また、世代が代わることで失われていくものもあります。

「生水は飲むな」という言い伝え（慣習法）は、現在の日本社会では上水道が完備されたことによって廃れて、忘れられた常識ですが、外国に行った際にはこの言い伝えはまだ生き続けています。昔の日本ですと、大人は食べていいが、子どもには食べさせてはいけない食品や飲ませてはいけない飲料について明確に線が引かれていました。中には、アルコール飲料のように明示的に法律で20歳未満の若者には禁止されているものもあります。

　また、秋の野山でキノコ類を採取して調理するのも人々の素朴な楽しみの１つです。しかし、すべての野生キノコについて食べていいキノコ、食べてはいけないキノコを法令で規定しているわけではありません。昔から食べても安全なキノコと毒キノコとは、地方での伝承によってその地方の食文化として定着しているものです。このような伝承について、あいまいな知識のまま食べられるキノコによく似た毒キノコを食して中毒になる事例は絶えません。秋になると各地の保健所で注意喚起を促していますが、採取して料理すること自体を禁止することまではできないので、「食文化」の注意喚起に終始しているのが現状です。

　わが国のすべての地方に伝わる「食文化」としての食習慣（慣習法）をすべて漏らさずに法令に書き込むことは膨大な作業になることでしょう。また、社会の変化によって現在では不要となった「食文化」もありえます。いずれにしても、このような食文化は、昔より人々の知恵の積み重ねによって、とても重要な了解事項であることから、現在の食品安全対策にあっても、その土台を支えているものとして重要性を認識しておかなければなりません。

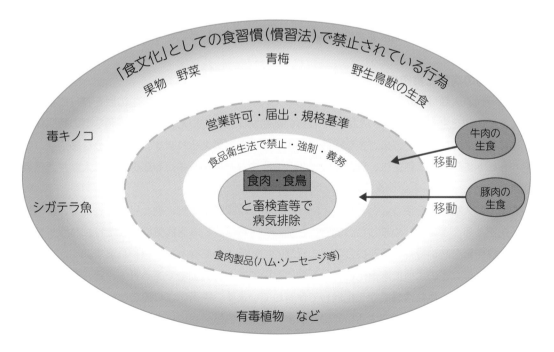

図8-1　食品の安全世界のイメージ

　暗黙の了解事項としての「食文化」はその重要性にもかかわらず、伝承が不確かで、規制の対象も明確ではない面があり、地方によって温度差があるものもあり、なにより、時間の経過によって変化もし、忘れられることもあります。そこで、安定した食品安全を保証しなければならない場合において、必ず行わなければならない最低限の「食習慣」（慣習法）については、国や地方自治体は法律または条例で明示的に「禁止」あるいは「強制」を義務づけることにしています。安定した食品安全を保証しなければならない場合とは、食品営業者が「業」として、お客様に食品を提供する行為です。憲法で規定された国民の公衆衛生と健康を保証するため、国は、食品衛生に関する法令を制定して、明示的に食品営業者に義務を課しているわけです。

　また、食品の生産にあって、近代的な農業や畜産業においては大規模化と効率的な生産をするために、各種の農薬や動物用医薬品が使用されるようになり、また、食品製造の現場でも製品の安全性を確保するために各種の添加物が使用されるようにもなってきています。そのため、レストランや飲食店を営もうとする場合、お客様に安心して食事を楽しんでもらうためには、単に食品営業者の注意義務だけでは十分ではありません。食品営業者の責任だけで解決するものでもなくなってきたのが、現在の食品安全の状況です。

　といいますのも、家畜・家きん由来の牛肉、豚肉あるいは鶏肉といえども、これら家畜・家きんたる動物はヒトに感染して病気を起こす可能性のある病気にかかっていたり、あるいは動物自体には危害を与えない微生物や寄生虫であっても、ヒトに対しては病原性のあるものを保有しているおそれがあるからです。このような危害は、食品営業者でわかるものではありません。食品衛生の基本は、食品を提供する営業者の責任ですといっても、このような感染症の有無をチェックすることは、一般の食品営業者の方々に強いるのは無理ということです。

（1）動物の病気と食肉の安全性

　原始時代、人類は肉食獣が食べ残した動物の死肉や、マンモスなどの野生の獣を狩りによって捕え、その肉を生で食べはじめた頃、それらの動物が保有していた寄生虫や細菌などの病原体も一緒に飲み込むことで、さまざまな疾病にかかっていたと考えられます。このような感染症（動物からヒトに感染する寄生虫、細菌、ウイルス、原虫などの病原体）を総称して「人獣共通感染症（ズーノーシス）」といいます。

　やがて、人類は火を使うことを覚え、肉、木の実などを焼いたり、煮たりすることで、食べやすく加工することをはじめました。同時に、加熱の工程は、ヒトを病気にさせたり、ハライタのような食中毒を防いでくれるということも経験的に知るようになったと思われます。

　牛、豚、羊などのように家畜化された動物においても、野生動物である野牛、猪、鹿類がもともともっていた人獣共通感染症を相続して保有しています。家畜化されることによって、集団で生活するようになり、野生で生活していた頃よりも多くの感染症にり患する機会が増えたともいえます。

　もともとの野生の牛類の感染症であった「牛疫」が、家畜化された牛群の中で感染を繰り返す

ようになってきたある段階で、ヒトの集団にも感染するようになり、やがてヒト社会の中だけで感染が成立するようになった疾病が「麻疹」つまり「はしか」と考えられています。

牛の痘瘡である「牛痘」の瘡蓋（かさぶた）を人の皮膚に塗り込むことでヒト社会の中で天然痘の免疫をつけることができたのも、天然痘が牛由来の人獣共通感染症であったことの間接的な証拠といえます。

このように、動物（野生も家畜のいずれも、また鶏などの家きん類も）は、ヒトに感染する可能性のある微生物（ウイルス、細菌、原虫）や寄生虫（サナダ虫、回虫、吸虫など）をもっている可能性が高いのです。昔から肉は基本的に加熱して食べるもの、といえますが、十分に火が通っていて、微生物を殺すにたる温度と時間をかけているかどうかは、非常にばらつきが多いでしょうから、加熱するから大丈夫とも言い切れるものではありません。なによりも、病気にかかっている動物の肉を食べるのは、気持ちのいいものではありません。

そのため、食肉・食鳥肉の安全性を確保するために、食肉の流通が本格化しだした頃（欧米では19世紀末から、日本では明治39（1906）年になってから）、文明国においては「と畜検査」として獣医師による1頭ごとの疾病の検査（微生物検査、病理学検査、理化学検査等）が実施されるようになりました。検査の基本方針は「病は食わず」です。動物の病気のチェックですから、まさに獣医師の専門領域です。これらの検査にあたる獣医師は、すべて都道府県、政令市の公務員です。

（2）食肉の安全を確保するための法令

食品の安全性に関連する法律としては、まず中心的な法律として「食品衛生法」があります。牛、豚、馬、めん羊、山羊（以下「獣畜」という）については、人獣共通感染症の危険性があるため、食用に供される前に、1頭ずつ獣医師による検査を義務づけた特別な法律である「と畜場法」があります。また、鶏、アヒルおよび七面鳥（以下「食鳥」という）については、やはり1羽ずつ獣医師による検査を義務づけた「食鳥処理の事業の規制及び食鳥検査に関する法律」（略称：食鳥検査法）があります。

豚肉、牛肉、鶏肉などの食肉を使った調理、また食肉を原材料としたハム・ソーセージ等の製品を製造・加工するにあたって、食品衛生上、気をつけなければならないことや従わなければならないことが、食品の安全に関連する公衆衛生関係の法令で定められています。

このように、食肉においては、その安全性をすべて営業者が担うことが難しいため、と畜場を所管する各都道府県等の食肉衛生検査所に所属する公衆衛生獣医師によって厳しい検査が行われており、これに合格したもののみが流通できる仕組みとなっているのです。

獣畜の飼養形態が近年、大規模化されるに従い、多くの獣畜が密集した環境で肥育されるようになりました。そこでは当然衛生管理に最大の注意が払われていますが、密飼の宿命として、どうしても感染症の発生をゼロにもっていくことは不可能です。そのために飼料に合成抗菌剤などの薬剤を添加する農場もあります。このような薬剤は、最終的に食品となった時点では残留しないよう、使用基準や出荷基準が定められていますが、誤って出荷されたりすることが危惧されますので、疾病の検査にあわせて、抗菌剤等の動物用医薬品の残留試験についても、前記の食肉衛

生検査所で実施されています。

　食肉の安全性を確保するためには、食品営業者だけの努力では不十分な部分を、行政機関が肩代わりする形で、善意の第三者である一般の消費者が感染症や食中毒の被害者にならないよう制度的な安全システムが存在しているということです。

　もちろん、と畜場や食鳥処理場において食肉・食鳥肉検査が実施されているだけでは、食肉の安全性を完全にすることはできません。牛や豚のと畜作業では、できるだけ解体時に腸管内容物が漏れて肉を汚染しないよう、肛門・食道結さつなどを行って細菌汚染を減らす努力はされていますが、と畜場において、どんなに衛生的に処理され、検査に合格したとしても、食肉の表面の細菌汚染をゼロにすることは不可能であるからです。

　また、食鳥の処理では、個体が小さいため、腸管内容物の汚染を防止する解体方法をとることは極めて難しいことから、内臓摘出後のとたいを次亜塩素酸ソーダなどで殺菌する工程をとってはいますが、細菌汚染をゼロにできるものではありません。そのため、食肉・食鳥肉に関しては、と畜・と鳥検査の後に、食品衛生法によって、調理、加工、製造にわたる細かい基準や規格が、それぞれの食肉、食肉製品の種類に応じて決められているのです。

3　食品衛生法とこれに基づく規格基準等 ···

　食品営業者へは、と畜場法や食鳥検査法に基づいて公的な検査に合格した食肉・食鳥肉のみが流通を通じて供給されます。

　ここから、食品営業者によって安全な食品を調理・加工する義務が生じるわけですが、その基本事項が「食品衛生法」に定められているのです。

　安全な食品を提供するための要件として、食品衛生法では、「施設および管理」「人」および「調理・加工」の３つの領域にわたって基準を定めています。一般的には、これらの基準に基づいて営業すれば、事故のない営業ができると考えて構いません。

　次頁の「資料」に、それぞれの領域について、法令を転記します。法令の文章は、わかりにくい表現が多いのですが、営業許可の条件や保健所などの指導の根拠となっている法令ですので、必要が生じたり、確認しておきたくなった際に直接条文等にあたってみると良いと思います。また、第６章に記載されている各種の要件の根拠となるものですので、あわせて読んでいただくと理解がより深くなると思います。

次の略称を用い簡略して表示する。
　法：食品衛生法
　令：食品衛生法施行令（政令）
　規：食品衛生法施行規則（厚生労働省令）

（1）施設および管理（人的要件を含む）に関する基準

1）施設の衛生管理に関する規定

〔営業施設が実施する公衆衛生上必要な措置〕

法第51条　厚生労働大臣は、営業（器具又は容器包装を製造する営業及び食鳥処理の事業の規制及び食鳥検査に関する法律第2条第5号に規定する食鳥処理の事業（第54条及び第57条第1項において「食鳥処理の事業」という。）を除く。）の施設の衛生的な管理その他公衆衛生上必要な措置（以下この条において「公衆衛生上必要な措置」という。）について、**厚生労働省令**で、次に掲げる事項に関する基準を定めるものとする。

1　施設の内外の清潔保持、ねずみ及び昆虫の駆除その他一般的な衛生管理に関すること。

2　食品衛生上の危害の発生を防止するために特に重要な工程を管理するための取組（小規模な営業者（器具又は容器包装を製造する営業者及び食鳥処理の事業の規制及び食鳥検査に関する法律第6条第1項に規定する食鳥処理業者を除く。次項において同じ。）その他の**政令**で定める営業者にあっては、その取り扱う食品の特性に応じた取組）に関すること。

②　営業者は、前項の規定により定められた基準に従い、**厚生労働省令**で定めるところにより公衆衛生上必要な措置を定め、これを遵守しなければならない。

③　都道府県知事等は、公衆衛生上必要な措置について、第1項の規定により定められた基準に反しない限り、条例で必要な規定を定めることができる。

（一般衛生管理（PP）の基準・重要工程管理（HACCP）のための取組の基準）

規第66条の2　法第51条第1項第1号（法第68条第3項において準用する場合を含む。）に掲げる事項に関する同項の**厚生労働省令**で定める基準は、別表第17のとおりとする。

②　法第51条第1項第2号（法第68条第3項において準用する場合を含む。）に掲げる事項に関する同項の**厚生労働省令**で定める基準は、別表第18のとおりとする。

③　営業者は、法第51条第2項（法第68条第3項において準用する場合を含む。）の規定に基づき、前2項の基準に従い、次に定めるところにより公衆衛生上必要な措置を定め、これを遵守しなければならない。

1　食品衛生上の危害の発生の防止のため、施設の衛生管理及び食品又は添加物の取扱い等に関する計画（以下「衛生管理計画」という。）を作成し、食品又は添加物を取り扱う者及び関係者に周知徹底を図ること。

2　施設設備、機械器具の構造及び材質並びに食品の製造、加工、調理、運搬、貯蔵又は販売の工程を考慮し、これらの工程において公衆衛生上必要な措置を適切に行うための手順書（以下「手順書」という。）を必要に応じて作成すること。

3　衛生管理の実施状況を記録し、保存すること。なお、記録の保存期間は、取り扱う食品又は添加物が使用され、又は消費されるまでの期間を踏まえ、合理的に設定すること。

4　衛生管理計画及び手順書の効果を検証し、必要に応じてその内容を見直すこと。

④　次に定める営業者にあっては、前項第1号中「作成し、」を「必要に応じて作成し、」と、同項第3号中「記録し、保存すること。」を「必要に応じて記録し、保存すること。」と読み替えて適用する。

1　食品又は添加物の輸入をする営業を行う者

2　食品又は添加物の貯蔵のみをし、又

は運搬のみをする営業を行う者（食品の冷凍又は冷蔵業を営む者を除く。）

3　容器包装に入れられ、又は容器包装で包まれた食品又は添加物のうち、冷凍又は冷蔵によらない方法により保存した場合において、腐敗、変敗その他の品質の劣化により食品衛生上の危害の発生のおそれのないものの販売をする営業を行う者

4　器具又は容器包装の輸入をし、又は販売をする営業を行う者

（小規模な営業者等）

令第34条の2　法第51条第1項第2号の**政令**で定める営業者は、次のとおりとする。

1　食品を製造し、又は加工する営業者であって、食品を製造し、又は加工する施設に併設され、又は隣接した店舗においてその施設で製造し、又は加工した食品の全部又は大部分を小売販売するもの

2　飲食店営業（食品を調理し、又は設備を設けて客に飲食させる営業をいう。次条第1号において同じ。）又は調理の機能を有する自動販売機（容器包装に入れられず、又は容器包装で包まれない状態の食品に直接接触するものに限る。同条第2号において同じ。）により食品を調理し、調理された食品を販売する営業を行う者その他の食品を調理する営業者であって**厚生労働省令**で定めるもの

3　容器包装に入れられ、又は容器包装で包まれた食品のみを貯蔵し、運搬し、又は販売する営業者

4　前3号に掲げる営業者のほか、食品を分割して容器包装に入れ、又は容器包装で包み、小売販売する営業者その他の法第51条第1項第1号に規定する施設の内外の清潔保持、ねずみ及び昆虫の駆除その他一般的な衛生管理並びに同項第2号に規定するその取り扱う食品の特性に応じた取組により公衆衛生上必要な措置を講ずることが可能であると認められる営業者であって**厚生労働省令**で定めるもの

規第66条の3　令第34条の2第2号の**厚生労働省令**で定める営業者は、次のとおりとする。

1　令第35条第1号に規定する飲食店営業を行う者（喫茶店営業（喫茶店、サロンその他設備を設けて酒類以外の飲物又は茶菓を客に飲食させる営業をいう。）を行う者及び法第68条第3項に規定する学校、病院その他の施設における当該施設の設置者又は管理者を含む。）

2　令第35条第2号に規定する調理の機能を有する自動販売機により食品を調理し、調理された食品を販売する営業を行う者

3　令第35条第11号に規定する菓子製造業のうち、パン（比較的短期間に消費されるものに限る。）を製造する営業を行う者

4　令第35条第25号に規定するそうざい製造業を行う者

5　調理の機能を有する自動販売機により食品を調理し、調理された食品を販売する営業を行う者（第1号又は第2号に規定する営業を行う者を除く。）

規第66条の4　令第34条の2第4号の**厚生労働省令**で定める営業者は次のとおりとする。

1　食品を分割し、容器包装に入れ、又は容器包装で包み販売する営業を行う者

2　前号に掲げる営業者のほか、食品を製造し、加工し、貯蔵し、販売し、又は処理する営業を行う者のうち、食品の取扱いに従事する者の数が50人未満である事業場（以下この号において「小規模事業場」という。）を有する営業者。ただし、当該営業者が、食品の取扱いに従事する者の数が50人以上である事業場（以下この号において「大規模事業場」という。）を有するときは、法第51条第1項第2号に規定する取り扱う食品の特性に応じた取組に関する同項の**厚生労働省令**で定める基準は、当該営業者が有する小規模事業場についてのみ適用し、当該営業者が有する大規模事業場については、適用しないものとする。

2）営業施設のハードウェア基準について

〔営業施設の基準〕

法第54条 都道府県は、公衆衛生に与える影響が著しい営業（食鳥処理の事業を除く。）であって、政令で定めるものの施設につき、**厚生労働省令で定める基準を参酌して、条例で、公衆衛生の見地から必要な基準を定めなければならない。**

（営業の指定）

令第35条 法第54条の規定により都道府県が施設についての基準を定めるべき営業は、次のとおりとする。

1　飲食店営業

2　調理の機能を有する自動販売機（容器包装に入れられず、又は容器包装で包まれない状態の食品に直接接触する部分を自動的に洗浄するための装置その他の食品衛生上の危害の発生を防止するために必要な装置を有するものを除く。）により食品を調理し、調理された食品を販売する営業

3　食肉販売業（食肉を専ら容器包装に入れられた状態で仕入れ、そのままの状態で販売する営業を除く。）

4　魚介類販売業（店舗を設け、鮮魚介類（冷凍したものを含む。以下この号及び次号において同じ。）を販売する営業をいい、魚介類を生きているまま販売するもの、鮮魚介類を専ら容器包装に入れられた状態で仕入れ、そのままの状態で販売するもの及び同号に該当するものを除く。）

5　魚介類競り売り営業（鮮魚介類を魚介類市場において競り売りその他の**厚生労働省令で定める取引の方法**で販売する営業をいう。）

6　集乳業（生乳を集荷し、これを保存する営業をいう。）

7　乳処理業（生乳を処理し、若しくは飲用に供される乳の製造（小分けを含む。以下この号において同じ。）をする営業又は生乳を処理し、若しくは飲用に供される乳の製造をし、併せて乳製品（飲料に限る。）若しくは清涼飲料水の製造をする営業をいう。）

8　特別牛乳搾取処理業（牛乳を搾取し、殺菌しないか、又は低温殺菌の方法によって、これを厚生労働省令で定める成分規格を有する牛乳に処理する営業をいう。）

9　食肉処理業（食用に供する目的で食鳥処理の事業の規制及び食鳥検査に関する法律（平成2年法律第70号）第2条第1号に規定する食鳥以外の鳥若しくはと畜場法（昭和28年法律第114号）第3条第1項に規定する獣畜以外の獣畜をとさつし、若しくは解体し、又は解体された鳥獣の肉、内臓等を分割し、若しくは細切する営業をいい、第26号又は第28号に該当するものを除く。）

10　食品の放射線照射業

11　菓子製造業（菓子（パン及びあん類を含む。）を製造する営業をいい、第26号又は第28号に該当するものを除く。）

12　アイスクリーム類製造業（アイスクリーム、アイスシャーベット、アイスキャンデーその他液体食品又はこれに他の食品を混和したものを凍結させた食品を製造する営業をいう。）

13　乳製品製造業（粉乳、練乳、発酵乳、クリーム、バター、チーズ、乳酸菌飲料その他の厚生労働省令で定める乳を主原料とする食品の製造（小分け（固形物の小分けを除く。）を含む。）をする営業をいう。）

14　清涼飲料水製造業（生乳を使用しない清涼飲料水又は生乳を使用しない乳製品（飲料に限る。）の製造（小分けを含む。）をする営業をいう。）

15　食肉製品製造業（ハム、ソーセージ、ベーコンその他これらに類するもの（以下この号において「食肉製品」という。）を製造する営業又は食肉製品と併せて食肉若しくは食肉製品を使用したそうざいを製造する営業をいう。）

16　水産製品製造業（魚介類その他の水産動物若しくはその卵（以下この号において「水産動物等」という。）を主原料とする食品を製造する営業又は当該食品と併せて当該食品若しくは水産動物等を使用したそうざいを製造する営業をいい、

第26号又は第28号に該当するものを除く。）

17 氷雪製造業

18 液卵製造業（鶏卵から卵殻を取り除いたものの製造（小分けを含む。）をする営業をいう。）

19 食用油脂製造業（マーガリン又はショートニング製造業を含む。）

20 みそ又はしょうゆ製造業（みそ若しくはしょうゆを製造する営業又はこれらと併せてこれらを主原料とする食品を製造する営業をいう。）

21 酒類製造業（酒類の製造（小分けを含む。）をする営業をいう。）

22 豆腐製造業（豆腐を製造する営業又は豆腐と併せて豆腐若しくは豆腐の製造に伴う副産物を主原料とする食品を製造する営業をいう。）

23 納豆製造業

24 麺類製造業（麺類を製造する営業をいい、第26号又は第28号に該当するものを除く。）

25 そうざい製造業（通常副食物として供される煮物（つくだ煮を含む。）、焼物（いため物を含む。）、揚物、蒸し物、酢の物若しくはあえ物又はこれらの食品と米飯その他の通常主食と認められる食品を組み合わせた食品を製造する営業をいい、第15号、第16号、第22号又は次号から第28号までに該当するものを除く。）

26 複合型そうざい製造業（前号に規定する営業と併せて第9号に規定する営業に係る食肉の処理をする営業（法第51条第1項第2号に規定する食品衛生上の危害の発生を防止するために特に重要な工程を管理するための取組（以下この号において「重要工程管理」という。）を行う場合に限る。第28号において同じ。）又は第11号、第16号（魚肉練り製品（魚肉ハム、魚肉ソーセージ、鯨肉ベーコンその他これらに類するものを含む。）の製造に係る営業を除く。第28号において同じ。）若しくは第24号に規定する営業に係る食品を製造する営業（重要工程管理を行う場合に限る。第28号において同じ。）をいう。）

27 冷凍食品製造業（第25号に規定する営業に係る食品を製造し、その製造された食品の冷凍品を製造する営業をいい、次号に該当するものを除く。）

28 複合型冷凍食品製造業（前号に規定する営業と併せて第9号に規定する営業に係る食肉の処理をする営業又は第11号、第16号若しくは第24号に規定する営業に係る食品（冷凍品に限る。）を製造する営業をいう。）

29 漬物製造業（漬物を製造する営業又は漬物と併せて漬物を主原料とする食品を製造する営業をいう。）

30 密封包装食品製造業（密封包装食品（レトルトパウチ食品、缶詰、瓶詰その他の容器包装に密封された食品をいう。）であって、その保存に冷凍又は冷蔵を要しないもの（冷凍又は冷蔵によらない方法により保存した場合においてボツリヌス菌その他の耐熱性の芽胞を形成する嫌気性の細菌が増殖するおそれのないことが明らかな食品であって厚生労働省令で定めるものを除く。）を製造する営業（前各号に該当するものを除く。）をいう。）

31 食品の小分け業（専ら第11号、第13号（固形物の製造に係る営業に限る。）、第15号、第16号、第19号、第20号又は第22号から第29号までに該当する営業において製造された食品を小分けして容器包装に入れ、又は容器包装で包む営業をいう。）

32 添加物製造業（法第13条第1項の規定により規格が定められた添加物の製造（小分けを含む。）をする営業をいう。）

（営業施設の基準）
規第66条の7　法第54条に規定する厚生労働省令で定める基準は、令第35条各号に掲げる営業（同条第2号及び第6号に掲げる営業を除く。）に共通する事項については別表第19、同条各号に掲げる営業ごとの事項については別表第20、法第13条第1項の規定に基づき定められた規格又は基準に適合する生食用食肉又はふぐを取り扱う営業に係る施設の基準にあっ

ては別表第19及び別表第20の基準に加
え、別表第21のとおりとする。

3）営業施設の許可または届出に関する規定

〔営業の許可〕

法第55条　前条に規定する営業を営もうとする
者は、厚生労働省令で定めるところにより、
都道府県知事の許可を受けなければならない。

② 前項の場合において、都道府県知事は、そ
の営業の施設が前条の規定による基準に合う
と認めるときは、許可をしなければならな
い。ただし、同条に規定する営業を営もうと
する者が次の各号のいずれかに該当するとき
は、同項の許可を与えないことができる。

1 この法律又はこの法律に基づく処分に違
反して刑に処せられ、その執行を終わり、
又は執行を受けることがなくなった日から
起算して2年を経過しない者

2 第59条から第61条までの規定により許可
を取り消され、その取消しの日から起算し
て2年を経過しない者

3 法人であって、その業務を行う役員のう
ちに前2号のいずれかに該当する者がある
もの

③ 都道府県知事は、第1項の許可に5年を下
らない有効期間その他の必要な条件を付ける
ことができる。

〔営業の届出〕

法第57条　営業（第54条に規定する営業、公衆
衛生に与える影響が少ない営業で政令で定め
るもの及び食鳥処理の事業を除く。）を営も
うとする者は、厚生労働省令で定めるところ
により、あらかじめ、その営業所の名称及び
所在地その他厚生労働省令で定める事項を都
道府県知事に届け出なければならない。

② 前条の規定は、前項の規定による届出をし
た者について準用する。この場合において、
同条第1項中「前条第1項の許可を受けた
者」とあるのは「次条第1項の規定による届
出をした者」と、「許可営業者」とあるのは
「届出営業者」と、同条第2項中「許可営業
者」とあるのは「届出営業者」と読み替える
ものとする。

（公衆衛生に与える影響が少ない営業）

令第35条の2　法第57条第1項に規定する公
衆衛生に与える影響が少ない営業として政
令で定めるものは、次のとおりとする。

1 食品又は添加物の輸入をする営業

2 食品又は添加物の貯蔵のみをし、又は
運搬のみをする営業（食品の冷凍又は冷
蔵業を除く。）

3 容器包装に入れられ、又は容器包装で
包まれた食品又は添加物のうち、冷凍又
は冷蔵によらない方法により保存した場
合において、腐敗、変敗その他の品質の
劣化により食品衛生上の危害の発生のお
それがないものの販売をする営業

4 器具又は容器包装（第1条に規定する
材質以外の原材料が使用された器具又は
容器包装に限る。）の製造をする営業

5 器具又は容器包装の輸入をし、又は販
売をする営業

4）食品衛生管理者に関する規定

〔食品衛生管理者〕

法第48条　乳製品、第12条の規定により厚生労
働大臣が定めた添加物その他製造又は加工の
過程において特に衛生上の考慮を必要とする
食品又は添加物であって、政令で定めるものの
製造又は加工を行う営業者は、その製造又は
加工を衛生的に管理させるため、その施設ご
とに、専任の食品衛生管理者を置かなければ
ならない。ただし、営業者が自ら食品衛生管
理者となって管理する施設については、この
限りでない。

② 営業者が、前項の規定により食品衛生管理
者を置かなければならない製造業又は加工業
を2以上の施設で行う場合において、その施
設が隣接しているときは、食品衛生管理者
は、同項の規定にかかわらず、その2以上の
施設を通じて1人で足りる。

③ 食品衛生管理者は、当該施設においてその
管理に係る食品又は添加物に関してこの法律
又はこの法律に基づく命令若しくは処分に係
る違反が行われないように、その食品又は添
加物の製造又は加工に従事する者を監督しな
ければならない。

④ 食品衛生管理者は、前項に定めるもののほ
か、当該施設においてその管理に係る食品又

は添加物に関してこの法律又はこの法律に基づく命令若しくは処分に係る違反の防止及び食品衛生上の危害の発生の防止のため、当該施設における衛生管理の方法その他の食品衛生に関する事項につき、必要な注意をするとともに、営業者に対し必要な意見を述べなければならない。

⑤　営業者は、その施設に食品衛生管理者を置いたときは、前項の規定による食品衛生管理者の意見を尊重しなければならない。

⑥　次の各号のいずれかに該当する者でなければ、食品衛生管理者となることができない。

1　医師、歯科医師、薬剤師又は獣医師

2　学校教育法（昭和22年法律第26号）に基づく大学、旧大学令（大正7年勅令第388号）に基づく大学又は旧専門学校令（明治36年勅令第61号）に基づく専門学校において医学、歯学、薬学、獣医学、畜産学、水産学又は農芸化学の課程を修めて卒業した者（当該課程を修めて同法に基づく専門職大学の前期課程を修了した者を含む。）

3　都道府県知事の登録を受けた食品衛生管理者の養成施設において所定の課程を修了した者

4　学校教育法に基づく高等学校若しくは中等教育学校若しくは旧中等学校令（昭和18年勅令第36号）に基づく中等学校を卒業した者又は厚生労働省令で定めるところによりこれらの者と同等以上の学力があると認められる者で、第1項の規定により食品衛生管理者を置かなければならない製造業又は加工業において食品又は添加物の製造又は加工の衛生管理の業務に3年以上従事し、かつ、都道府県知事の登録を受けた講習会の課程を修了した者

⑦　前項第4号に該当することにより食品衛生管理者たる資格を有する者は、衛生管理の業務に3年以上従事した製造業又は加工業と同種の製造業又は加工業の施設においてのみ、食品衛生管理者となることができる。

⑧　第1項に規定する営業者は、食品衛生管理者を置き、又は自ら食品衛生管理者となったときは、15日以内に、その施設の所在地の都道府県知事に、その食品衛生管理者の氏名又は自ら食品衛生管理者となった旨その他厚生労働省令で定める事項を届け出なければなら

ない。食品衛生管理者を変更したときも、同様とする。

（食品等の指定）

令第13条　法第48条第1項に規定する**政令**で定める食品及び添加物は、全粉乳（その容量が1400グラム以下である缶に収められるものに限る。）、加糖粉乳、調製粉乳、食肉製品（ハム、ソーセージ、ベーコンその他これらに類するものをいう。）、魚肉ハム、魚肉ソーセージ、放射線照射食品、食用油脂（脱色又は脱臭の過程を経て製造されるものに限る。）、マーガリン、ショートニング及び添加物（法第13条第1項の規定により規格が定められたものに限る。）とする。

5）食品衛生法施行規則別表

（一般衛生管理（PP）の基準）

別表第17（規第66条の2第1項関係）

1　食品衛生責任者等の選任

イ　法第51条第1項に規定する営業を行う者（法第68条第3項において準用する場合を含む。以下この表において「営業者」という。）は、食品衛生責任者を定めること。ただし、第66条の2第4項各号に規定する営業者についてはこの限りではない。なお、法第48条に規定する食品衛生管理者は、食品衛生責任者を兼ねることができる。

ロ　食品衛生責任者は次のいずれかに該当する者とすること。

（1）　法第30条に規定する食品衛生監視員又は法第48条に規定する食品衛生管理者の資格要件を満たす者

（2）　調理師、製菓衛生師、栄養士、船舶料理士、と畜場法（昭和28年法律第114号）第7条に規定する衛生管理責任者若しくは同法第10条に規定する作業衛生責任者又は食鳥処理の事業の規制及び食鳥検査に関する法律（平成2年法律第70号）第12条に規定する食鳥処理衛生管理者

（3）　都道府県知事等が行う講習会

又は都道府県知事等が適正と認める講習会を受講した者

ハ 食品衛生責任者は次に掲げる事項を遵守すること。

（1） 都道府県知事等が行う講習会又は都道府県知事等が認める講習会を定期的に受講し、食品衛生に関する新たな知見の習得に努めること（法第54条の営業（法第68条第3項において準用する場合を含む。）に限る。）。

（2） 営業者の指示に従い、衛生管理に当たること。

ニ 営業者は、食品衛生責任者の意見を尊重すること。

ホ 食品衛生責任者は、第66条の2第3項に規定された措置の遵守のために、必要な注意を行うとともに、営業者に対し必要な意見を述べるよう努めること。

ヘ ふぐを処理する営業者にあっては、ふぐの種類の鑑別に関する知識及び有毒部位を除去する技術等を有すると都道府県知事等が認める者にふぐを処理させ、又はその者の立会いの下に他の者にふぐを処理させなければならない。

2 施設の衛生管理

イ 施設及びその周辺を定期的に清掃し、施設の稼働中は食品衛生上の危害の発生を防止するよう清潔な状態を維持すること。

ロ 食品又は添加物を製造し、加工し、調理し、貯蔵し、又は販売する場所に不必要な物品等を置かないこと。

ハ 施設の内壁、天井及び床を清潔に維持すること。

ニ 施設内の採光、照明及び換気を十分に行うとともに、必要に応じて適切な温度及び湿度の管理を行うこと。

ホ 窓及び出入口は、原則として開放したままにしないこと。開放したままの状態にする場合にあっては、じん埃、ねずみ及び昆虫等の侵入を防止する措置を講ずること。

ヘ 排水溝は、固形物の流入を防ぎ、排水が適切に行われるよう清掃し、破損した場合速やかに補修を行うこと。

ト 便所は常に清潔にし、定期的に清掃及び消毒を行うこと。

チ 食品又は添加物を取り扱い、又は保存する区域において動物を飼育しないこと。

3 設備等の衛生管理

イ 衛生保持のため、機械器具は、その目的に応じて適切に使用すること。

ロ 機械器具及びその部品は、金属片、異物又は化学物質等の食品又は添加物への混入を防止するため、洗浄及び消毒を行い、所定の場所に衛生的に保管すること。また、故障又は破損があるときは、速やかに補修し、適切に使用できるよう整備しておくこと。

ハ 機械器具及びその部品の洗浄に洗剤を使用する場合は、洗剤を適切な方法により使用すること。

ニ 温度計、圧力計、流量計等の計器類及び滅菌、殺菌、除菌又は浄水に用いる装置にあっては、その機能を定期的に点検し、点検の結果を記録すること。

ホ 器具、清掃用機材及び保護具等食品又は添加物と接触するおそれのあるものは、汚染又は作業終了の都度熱湯、蒸気又は消毒剤等で消毒し、乾燥させること。

ヘ 洗浄剤、消毒剤その他化学物質については、取扱いに十分注意するとともに、必要に応じてそれらを入れる容器包装に内容物の名称を表示する等食品又は添加物への混入を防止すること。

ト 施設設備の清掃用機材は、目的に応じて適切に使用するとともに、使用の都度洗浄し、乾燥させ、所定の場所に保管すること。

チ 手洗設備は、石けん、ペーパータオル等及び消毒剤を備え、手指の洗浄及び乾燥が適切に行うことができ

る状態を維持すること。

リ　洗浄設備は、清潔に保つこと。

ヌ　都道府県等の確認を受けて手洗設備及び洗浄設備を兼用する場合にあっては、汚染の都度洗浄を行うこと。

ル　食品の放射線照射業にあっては、営業日ごとに1回以上化学線量計を用いて吸収線量を確認し、その結果の記録を2年間保存すること。

4　使用水等の管理

イ　食品又は添加物を製造し、加工し、又は調理するときに使用する水は、水道法（昭和32年法律第177号）第3条第2項に規定する水道事業、同条第6項に規定する専用水道若しくは同条第7項に規定する簡易専用水道により供給される水（別表第19第3号へにおいて「水道事業等により供給される水」という。）又は飲用に適する水であること。ただし、冷却その他食品又は添加物の安全性に影響を及ぼさない工程における使用については、この限りではない。

ロ　飲用に適する水を使用する場合にあっては、1年1回以上水質検査を行い、成績書を1年間（取り扱う食品又は添加物が使用され、又は消費されるまでの期間が1年以上の場合は、当該期間）保存すること。ただし、不慮の災害により水源等が汚染されたおそれがある場合にはその都度水質検査を行うこと。

ハ　ロの検査の結果、イの条件を満たさないことが明らかとなった場合は、直ちに使用を中止すること。

ニ　貯水槽を使用する場合は、貯水槽を定期的に清掃し、清潔に保つこと。

ホ　飲用に適する水を使用する場合で殺菌装置又は浄水装置を設置している場合には、装置が正常に作動しているかを定期的に確認し、その結果を記録すること。

ヘ　食品に直接触れる氷は、適切に管理された給水設備によって供給されたイの条件を満たす水から作ること。また、氷は衛生的に取り扱い、保存すること。

ト　使用した水を再利用する場合にあっては、食品又は添加物の安全性に影響しないよう必要な処理を行うこと。

5　ねずみ及び昆虫対策

イ　施設及びその周囲は、維持管理を適切に行うことができる状態を維持し、ねずみ及び昆虫の繁殖場所を排除するとともに、窓、ドア、吸排気口の網戸、トラップ及び排水溝の蓋等の設置により、ねずみ及び昆虫の施設内への侵入を防止すること。

ロ　1年に2回以上、ねずみ及び昆虫の駆除作業を実施し、その実施記録を1年間保存すること。ただし、ねずみ及び昆虫の発生場所、生息場所及び侵入経路並びに被害の状況に関して、定期に、統一的に調査を実施し、当該調査の結果に基づき必要な措置を講ずる等により、その目的が達成できる方法であれば、当該施設の状況に応じた方法及び頻度で実施することができる。

ハ　殺そ剤又は殺虫剤を使用する場合には、食品又は添加物を汚染しないようその取扱いに十分注意すること。

ニ　ねずみ及び昆虫による汚染防止のため、原材料、製品及び包装資材等は容器に入れ、床及び壁から離して保存すること。1度開封したものについては、蓋付きの容器に入れる等の汚染防止対策を講じて保存すること。

6　廃棄物及び排水の取扱い

イ　廃棄物の保管及びその廃棄の方法について、手順を定めること。

ロ　廃棄物の容器は、他の容器と明確に区別できるようにし、汚液又は汚臭が漏れないように清潔にしておくこと。

ハ　廃棄物は、食品衛生上の危害の発生を防止することができると認められる場合を除き、食品又は添加物を取り扱い、又は保存する区域（隣接

する区域を含む。）に保管しないこと。

ニ　廃棄物の保管場所は、周囲の環境に悪影響を及ぼさないよう適切に管理を行うことができる場所とすること。

ホ　廃棄物及び排水の処理を適切に行うこと。

7　食品又は添加物を取り扱う者の衛生管理

イ　食品又は添加物を取り扱う者（以下「食品等取扱者」という。）の健康診断は、食品衛生上の危害の発生の防止に必要な健康状態の把握を目的として行うこと。

ロ　都道府県知事等から食品等取扱者について検便を受けるべき旨の指示があったときには、食品等取扱者に検便を受けるよう指示すること。

ハ　食品等取扱者が次の症状を呈している場合は、その症状の詳細の把握に努め、当該症状が医師による診察及び食品又は添加物を取り扱う作業の中止を必要とするものか判断すること。
（1）　黄疸
（2）　下痢
（3）　腹痛
（4）　発熱
（5）　皮膚の化膿性疾患等
（6）　耳、目又は鼻からの分泌（感染性の疾患等に感染するおそれがあるものに限る。）
（7）　吐き気及びおう吐

ニ　皮膚に外傷がある者を従事させる際には、当該部位を耐水性のある被覆材で覆うこと。また、おう吐物等により汚染された可能性のある食品又は添加物は廃棄すること。施設においておう吐した場合には、直ちに殺菌剤を用いて適切に消毒すること。

ホ　食品等取扱者は、食品又は添加物を取り扱う作業に従事するときは、目的に応じた専用の作業着を着用し、並びに必要に応じて帽子及びマスクを着用すること。また、作業場内では専用の履物を用いるとともに、作業場内で使用する履物を着用したまま所定の場所から出ないこと。

ヘ　食品等取扱者は、手洗いの妨げとなる及び異物混入の原因となるおそれのある装飾品等を食品等を取り扱う施設内に持ち込まないこと。

ト　食品等取扱者は、手袋を使用する場合は、原材料等に直接接触する部分が耐水性のある素材のものを原則として使用すること。

チ　食品等取扱者は、爪を短く切るとともに手洗いを実施し、食品衛生上の危害を発生させないよう手指を清潔にすること。

リ　食品等取扱者は、用便又は生鮮の原材料若しくは加熱前の原材料を取り扱う作業を終えたときは、十分に手指の洗浄及び消毒を行うこと。なお、使い捨て手袋を使用して生鮮の原材料又は加熱前の原材料を取り扱う場合にあっては、作業後に手袋を交換すること。

ヌ　食品等取扱者は、食品又は添加物の取扱いに当たって、食品衛生上の危害の発生を防止する観点から、食品又は添加物を取り扱う間は次の事項を行わないこと。
（1）　手指又は器具若しくは容器包装を不必要に汚染させるようなこと。
（2）　痰又は唾を吐くこと。
（3）　くしゃみ又は咳の飛沫を食品又は添加物に混入し、又はそのおそれを生じさせること。

ル　食品等取扱者は所定の場所以外での着替え、喫煙及び飲食を行わないこと。

ヲ　食品等取扱者以外の者が施設に立ち入る場合は、清潔な専用の作業着に着替えさせ、本項で示した食品等取扱者の衛生管理の規定に従わせること。

8　検食の実施

イ　同一の食品を1回300食又は1日750食以上調理し、提供する営業者

にあっては、原材料及び調理済の食品ごとに適切な期間保存すること。なお、原材料は、洗浄殺菌等を行わず、購入した状態で保存すること。

ロ　イの場合、調理した食品の提供先、提供時刻（調理した食品を運送し、提供する場合にあっては、当該食品を搬出した時刻）及び提供した数量を記録し保存すること。

9　情報の提供

イ　営業者は、採取し、製造し、輸入し、加工し、調理し、貯蔵し、運搬し、若しくは販売する食品又は添加物（以下この表において「製品」という。）について、消費者が安全に喫食するために必要な情報を消費者に提供するよう努めること。

ロ　営業者は、製品に関する消費者からの健康被害（医師の診断を受け、当該症状が当該食品又は添加物に起因する又はその疑いがあると診断されたものに限る。以下この号において同じ。）及び法に違反する情報を得た場合には、当該情報を都道府県知事等に提供するよう努めること。

ハ　営業者は、製品について、消費者及び製品を取り扱う者から異味又は異臭の発生、異物の混入その他の健康被害につながるおそれが否定できない情報を得た場合は、当該情報を都道府県知事等に提供するよう努めること。

10　回収・廃棄

イ　営業者は、製品に起因する食品衛生上の危害又は危害のおそれが発生した場合は、消費者への健康被害を未然に防止する観点から、当該食品又は添加物を迅速かつ適切に回収できるよう、回収に係る責任体制、消費者への注意喚起の方法、具体的な回収の方法及び当該食品又は添加物を取り扱う施設の所在する地域を管轄する都道府県知事等への報告の手順を定めておくこと。

ロ　製品を回収する場合にあっては、回収の対象ではない製品と区分して回収したものを保管し、適切に廃棄等をすること。

11　運搬

イ　食品又は添加物の運搬に用いる車両、コンテナ等は、食品、添加物又はこれらの容器包装を汚染しないよう必要に応じて洗浄及び消毒をすること。

ロ　車両、コンテナ等は、清潔な状態を維持するとともに、補修を行うこと等により適切な状態を維持すること。

ハ　食品又は添加物及び食品又は添加物以外の貨物を混載する場合は、食品又は添加物以外の貨物からの汚染を防止するため、必要に応じ、食品又は添加物を適切な容器に入れる等区分すること。

ニ　運搬中の食品又は添加物がじん埃及び排気ガス等に汚染されないよう管理すること。

ホ　品目が異なる食品又は添加物及び食品又は添加物以外の貨物の運搬に使用した車両、コンテナ等を使用する場合は、効果的な方法により洗浄し、必要に応じ消毒を行うこと。

ヘ　ばら積みの食品又は添加物にあっては、必要に応じて食品又は添加物専用の車両、コンテナ等を使用し、食品又は添加物の専用であることを明示すること。

ト　運搬中の温度及び湿度の管理に注意すること。

チ　運搬中の温度及び湿度を踏まえた配送時間を設定し、所定の配送時間を超えないよう適切に管理すること。

リ　調理された食品を配送し、提供する場合にあっては、飲食に供されるまでの時間を考慮し、適切に管理すること。

12　販売

イ　販売量を見込んで適切な量を仕入れること。

ロ　直接日光にさらす等不適切な温度で販売したりすることのないよう管理すること。

13 教育訓練

イ 食品等取扱者に対して、衛生管理に必要な教育を実施すること。

ロ 化学物質を取り扱う者に対して、使用する化学物質を安全に取り扱うことができるよう教育訓練を実施すること。

ハ イ及びロの教育訓練の効果について定期的に検証を行い、必要に応じて教育内容の見直しを行うこと。

14 その他

イ 食品衛生上の危害の発生の防止に必要な限度において、取り扱う食品又は添加物に係る仕入元、製造又は加工等の状態、出荷又は販売先その他必要な事項に関する記録を作成し、保存するよう努めること。

ロ 製造し、又は加工した製品について自主検査を行った場合には、その記録を保存するよう努めること。

（重要工程管理（HACCP）のための取組の基準）

別表18（規第66条の2第2項関係）

1 危害要因の分析（HA）

食品又は添加物の製造、加工、調理、運搬、貯蔵又は販売の工程ごとに、食品衛生上の危害を発生させ得る要因（以下この表において「危害要因」という。）の一覧表を作成し、これらの危害要因を管理するための措置（以下この表において「管理措置」という。）を定めること。

2 重要管理点（CCP）の決定

前号で特定された危害要因につき、その発生を防止し、排除し、又は許容できる水準にまで低減するために管理措置を講ずることが不可欠な工程（以下この表において「重要管理点」という。）を決定すること。

3 管理基準の設定

個々の重要管理点における危害要因につき、その発生を防止し、排除し、又は許容できる水準にまで低減するための基準（以下この表において「管理基準」という。）を設定すること。

4 モニタリング方法の設定

重要管理点の管理について、連続的な又は相当の頻度による実施状況の把握（以下この表において「モニタリング」という。）をするための方法を設定すること。

5 改善措置の設定

個々の重要管理点において、モニタリングの結果、管理基準を逸脱したことが判明した場合の改善措置を設定すること。

6 検証方法の設定

前各号に規定する措置の内容の効果を、定期的に検証するための手順を定めること。

7 記録の作成

営業の規模や業態に応じて、前各号に規定する措置の内容に関する書面とその実施の記録を作成すること。

8 令第34条の2に規定する営業者

令第34条の2に規定する営業者（第66条の4第2号に規定する規模の添加物を製造する営業者を含む。）にあっては、その取り扱う食品の特性又は営業の規模に応じ、前各号に掲げる事項を簡略化して公衆衛生上必要な措置を行うことができる。

（共通基準）

別表第19（規第66条の7関係）

1 施設は、屋外からの汚染を防止し、衛生的な作業を継続的に実施するために必要な構造又は設備、機械器具の配置及び食品又は添加物を取り扱う量に応じた十分な広さを有すること。

2 食品又は添加物、容器包装、機械器具その他食品又は添加物に接触するおそれのあるもの（以下「食品等」という。）への汚染を考慮し、公衆衛生上の危害の発生を防止するため、作業区分に応じ、間仕切り等により必要な区画がされ、工程を踏まえて施設設備が適切に配置され、又は空気の流れを管理する設備が設置されていること。ただし、作業における食品等又は従業者の経路の設定、同一区画を異なる作業で交替に使用する場合の適切な洗浄消

毒の実施等により、必要な衛生管理措置が講じられている場合はこの限りではない。なお、住居その他食品等を取り扱うことを目的としない室又は場所が同一の建物にある場合、それらと区画されていること。

3　施設の構造及び設備

イ　じん埃、廃水及び廃棄物による汚染を防止できる構造又は設備並びにねずみ及び昆虫の侵入を防止できる設備を有すること。

ロ　食品等を取り扱う作業をする場所の真上は、結露しにくく、結露によるかびの発生を防止し、及び結露による水滴により食品等を汚染しないよう換気が適切にできる構造又は設備を有すること。

ハ　床面、内壁及び天井は、清掃、洗浄及び消毒（以下この表において「清掃等」という。）を容易にすることができる材料で作られ、清掃等を容易に行うことができる構造であること。

ニ　床面及び内壁の清掃等に水が必要な施設にあっては、床面は不浸透性の材質で作られ、排水が良好であること。内壁は、床面から容易に汚染される高さまで、不浸透性材料で腰張りされていること。

ホ　照明設備は、作業、検査及び清掃等を十分にすることのできるよう必要な照度を確保できる機能を備えること。

ヘ　水道事業等により供給される水又は飲用に適する水を施設の必要な場所に適切な温度で十分な量を供給することができる給水設備を有すること。水道事業等により供給される水以外の水を使用する場合にあっては、必要に応じて消毒装置及び浄水装置を備え、水源は外部から汚染されない構造を有すること。貯水槽を使用する場合にあっては、食品衛生上支障のない構造であること。

ト　法第13条第1項の規定により別に定められた規格又は基準に食品製造用水の使用について定めがある食品を取り扱う営業にあってはへの適用については、「飲用に適する水」とあるのは「食品製造用水」とし、食品製造用水又は殺菌した海水を使用できるよう定めがある食品を取り扱う営業にあってはへの適用については、「飲用に適する水」とあるのは「食品製造用水若しくは殺菌した海水」とする。

チ　従業者の手指を洗浄消毒する装置を備えた流水式手洗い設備を必要な個数有すること。なお、水栓は洗浄後の手指の再汚染が防止できる構造であること。

リ　排水設備は次の要件を満たすこと。
（1）　十分な排水機能を有し、かつ、水で洗浄をする区画及び廃水、液性の廃棄物等が流れる区画の床面に設置されていること。
（2）　汚水の逆流により食品又は添加物を汚染しないよう配管され、かつ、施設外に適切に排出できる機能を有すること。
（3）　配管は十分な容量を有し、かつ、適切な位置に配置されていること。

ヌ　食品又は添加物を衛生的に取り扱うために必要な機能を有する冷蔵又は冷凍設備を必要に応じて有すること。製造及び保存の際の冷蔵又は冷凍については、法第13条第1項により別に定められた規格又は基準に冷蔵又は冷凍について定めがある食品を取り扱う営業にあっては、その定めに従い必要な設備を有すること。

ル　必要に応じて、ねずみ、昆虫等の侵入を防ぐ設備及び侵入した際に駆除するための設備を有すること。

ヲ　次に掲げる要件を満たす便所を従業者の数に応じて有すること。
（1）　作業場に汚染の影響を及ぼさない構造であること。
（2）　専用の流水式手洗い設備を有すること。

ワ　原材料を種類及び特性に応じた温

度で、汚染の防止可能な状態で保管することができる十分な規模の設備を有すること。また、施設で使用する洗浄剤、殺菌剤等の薬剤は、食品等と区分して保管する設備を有すること。

カ　廃棄物を入れる容器又は廃棄物を保管する設備については、不浸透性及び十分な容量を備えており、清掃がしやすく、汚液及び汚臭が漏れない構造であること。

ヨ　製品を包装する営業にあっては、製品を衛生的に容器包装に入れることができる場所を有すること。

タ　更衣場所は、従事者の数に応じた十分な広さがあり、及び作業場への出入りが容易な位置に有すること。

レ　食品等を洗浄するため、必要に応じて熱湯、蒸気等を供給できる使用目的に応じた大きさ及び数の洗浄設備を有すること。

ソ　添加物を使用する施設にあっては、それを専用で保管することができる設備又は場所及び計量器を備えること。

4　機械器具

イ　食品又は添加物の製造又は食品の調理をする作業場の機械器具、容器その他の設備（以下この別表において「機械器具等」という。）は、適正に洗浄、保守及び点検をすることのできる構造であること。

ロ　作業に応じた機械器具等及び容器を備えること。

ハ　食品又は添加物に直接触れる機械器具等は、耐水性材料で作られ、洗浄が容易であり、熱湯、蒸気又は殺菌剤で消毒が可能なものであること。

ニ　固定し、又は移動しがたい機械器具等は、作業に便利であり、かつ、清掃及び洗浄をしやすい位置に有すること。組立式の機械器具等にあっては、分解及び清掃しやすい構造であり、必要に応じて洗浄及び消毒が可能な構造であること。

ホ　食品又は添加物を運搬する場合に

あっては、汚染を防止できる専用の容器を使用すること。

ヘ　冷蔵、冷凍、殺菌、加熱等の設備には、温度計を備え、必要に応じて圧力計、流量計その他の計量器を備えること。

ト　作業場を清掃等するための専用の用具を必要数備え、その保管場所及び従事者が作業を理解しやすくするために作業内容を掲示するための設備を有すること。

5　その他

イ　令第35条第1号に規定する飲食店営業にあっては、第3号ヨの基準を適用しない。

ロ　令第35条第1号に規定する飲食店営業のうち、簡易な営業（そのままの状態で飲食に供することのできる食品を食器に盛る、そうざいの半製品を加熱する等の簡易な調理のみをする営業をいい、喫茶店営業（喫茶店、サロンその他設備を設けて酒類以外の飲物又は茶菓を客に飲食させる営業をいう。）を含む。別表第20第1号（1）において同じ。）をする場合にあっては、イの規定によるほか、次に定める基準により営業をすることができる。

（1）　床面及び内壁にあっては、取り扱う食品や営業の形態を踏まえ、食品衛生上支障がないと認められる場合は、不浸透性材料以外の材料を使用することができる。

（2）　排水設備にあっては、取り扱う食品や営業の形態を踏まえ、食品衛生上支障がないと認められる場合は、床面に有しないこととすることができる。

（3）　冷蔵又は冷凍設備にあっては、取り扱う食品や営業の形態を踏まえ、食品衛生上支障がないと認められる場合は、施設外に有することとすることができる。

（4）　食品を取り扱う区域にあって

は、従業者以外の者が容易に立ち入ることのできない構造であれば、区画されていることを要しないこととすることができる。

ハ　令第35条第1号に規定する飲食店営業のうち、自動車において調理をする場合にあっては、第3号ニ、リ、ヲ及びタの基準を適用しない。

ニ　令第35条第9号に規定する食肉処理業のうち、自動車において生体又はとたいを処理する場合にあっては、第3号ヲ、ワ及びタ並びに第4号ホの基準を適用しない。

ホ　令第35条第27号及び第28号に掲げる営業以外の営業で冷凍食品を製造する場合は、第1号から第4号までに掲げるものに加え、次の要件を満たすこと。

（1）　原材料の保管及び前処理並びに製品の製造、冷凍、包装及び保管をするための室又は場所を有すること。なお、室を場所とする場合にあっては、作業区分に応じて区画されていること。

（2）　原材料を保管する室又は場所に冷蔵又は冷凍設備を有すること。

（3）　製品を製造する室又は場所は、製造する品目に応じて、加熱、殺菌、放冷及び冷却に必要な設備を有すること。

（4）　製品が摂氏マイナス15度以下となるよう管理することのできる機能を備える冷凍室及び保管室を有すること。

ヘ　令第35条第30号に掲げる営業以外の営業で密封包装食品を製造する場合にあっては、第1号から第4号までに掲げるものに加え、次に掲げる要件を満たす構造であること。

（1）　原材料の保管及び前処理又は調合並びに製品の製造及び保管をする室又は場所を有し、必要に応じて容器包装洗浄設備を有すること。なお、室を場所とする場合にあっては、作業区分に

応じて区画されていること。

（2）　原材料の保管をする室又は場所に、冷蔵又は冷凍設備を有すること。

（3）　製品の製造をする室又は場所は、製造する品目に応じて、解凍、加熱、充填、密封、殺菌及び冷却に必要な設備を有すること。

（個別基準）
別表第20（規第66条の7関係）
1　令第35条第1号に規定する飲食店営業

自動車において調理をする場合にあっては、次に掲げる要件を満たすこと。

（1）　簡易な営業にあっては、1日の営業において約40リットルの水を供給し、かつ、廃水を保管することのできる貯水設備を有すること。

（2）　比較的大量の水を要しない営業にあっては、1日の営業において約80リットルの水を供給し、かつ、廃水を保管することのできる貯水設備を有すること。

（3）　比較的大量の水を要する営業にあっては、1日の営業において約200リットルの水を供給し、かつ、廃水を保管することのできる貯水設備を有すること。

2　令第35条第2号の調理の機能を有する自動販売機（屋内に設置され、容器包装に入れられず、又は容器包装で包まれない状態の食品に直接接触する部分を自動的に洗浄するための装置その他の食品衛生上の危害の発生を防止するために必要な装置を有するものを除く。）により食品を調理し、調理された食品を販売する営業

イ　ひさし、屋根等の雨水を防止できる設備を有すること。ただし、雨水による影響を受けないと認められる場所に自動販売機を設置する場合にあっては、この限りではない。

ロ　床面は、清掃、洗浄及び消毒が容易な不浸透性材料の材質であること。

3　令第35条第3号に規定する食肉販売業

イ　処理室を有すること。

ロ　処理室に解体された鳥獣の肉、内臓等を分割するために必要な設備を有すること。

ハ　製品が冷蔵保存を要する場合にあっては製品が摂氏10度以下と、冷凍保存を要する場合にあっては製品が摂氏マイナス15度以下となるよう管理することのできる機能を備える冷蔵又は冷凍設備を処理量に応じた規模で有すること。

ニ　不可食部分を入れるための容器及び廃棄に使用するための容器は、不浸透性材料で作られ、処理量に応じた容量を有し、消毒が容易であり、汚液及び汚臭が漏れない構造であり、蓋を備えていること。

4〜8　（略）

9　令第35条第9号に規定する食肉処理業

イ　原材料の荷受及び処理並びに製品の保管をする室又は場所を有すること。なお、室を場所とする場合にあっては、作業区分に応じて区画されていること。

ロ　不可食部分を入れるための容器及び廃棄に使用するための容器は、不浸透性材料で作られ、処理量に応じた容量を有し、消毒が容易であり、汚液及び汚臭が漏れない構造であり、蓋を備えていること。

ハ　製品が冷蔵保存を要する場合にあっては製品が摂氏10度以下と、冷凍保存を要する場合にあっては製品が摂氏マイナス15度以下となるよう管理することのできる機能を備える冷蔵又は冷凍設備を処理量に応じて有すること。

ニ　処理室は、解体された獣畜又は食鳥の肉、内臓等を分割するために必要な設備を有すること。

ホ　生体又はとたいを処理する場合にあっては、次に掲げる要件を満たすこと。

（1）　とさつ放血室（とさつ及び放血をする場合に限る。）及び剥皮をする場所並びに剥皮前のとたいの洗浄をする設備を有すること。また、必要に応じて懸ちょう室、脱羽をする場所及び羽毛、皮、骨等を置く場所を有し、処理前の生体又はとたい、処理後の食肉等の搬入及び搬出をする場所が区画されていること。

（2）　剥皮をする場所は、懸ちょう設備並びに従事者の手指及びナイフ等の器具の洗浄及び消毒設備を有すること。

（3）　懸ちょう室は、他の作業場所から隔壁により区画され、出入口の扉が密閉できる構造であること。

（4）　洗浄消毒設備は、摂氏60度以上の温湯及び摂氏83度以上の熱湯を供給することのできる設備を有すること。また、供給する温湯及び熱湯の温度を確認できる温度計を備えること。

ヘ　自動車において生体又はとたいを処理する場合にあっては、次に掲げる要件を満たすこと。

（1）　処理室は、他の作業場所から隔壁により区画され、出入口の扉、窓等が密閉できる構造であること。

（2）　計画処理頭数（1の施設において、あらかじめ処理することが定められた頭数をいう。）に応じ、別表第17第4イに掲げる事項を満たす水を十分に供給する機能を備える貯水設備を有すること。なお、シカ又はイノシシを処理する場合にあっては、成獣1頭あたり約100リットルの水を供給することのできる貯水設備を有すること。

（3）　排水の貯留設備を有すること。貯留設備は、不浸透性材料で作られ、汚液及び汚臭が漏れ

141

ない構造であり、蓋を備えていること。
（4）　車外において剥皮をする場合にあっては、処理する場所を処理室の入口に隣接して有し、風雨、じん埃等外部環境によるとたいの汚染及び昆虫等の侵入を一時的に防止する設備を有すること。
ト　血液を加工する施設にあっては、次に掲げる要件を満たすこと。
（1）　運搬用具の洗浄及び殺菌並びに原材料となる血液の貯蔵及び処理をする室及び冷蔵又は冷凍設備を有し、必要に応じて製品の包装をする室を有すること。ただし、採血から加工までが一貫して行われ、他の施設から原材料となる血液が運搬されない施設にあっては、運搬器具を洗浄及び殺菌し、かつ、原材料となる血液を貯蔵する室を有することを要しない。なお、各室又は設備は作業区分に応じて区画されていること。
（2）　処理量に応じた原料材貯留槽、分離機等を有すること。
（3）　原材料となる血液の受入設備から充填設備までの各設備がサニタリーパイプで接続されていること。
10～14　（略）
15　令第35条第15号に規定する食肉製品製造業
イ　原材料の保管、前処理及び調合並びに製品の製造、包装及び保管をする室又は場所を有すること。なお、室を場所とする場合にあっては、作業区分に応じて区画すること。
ロ　製品の製造をする室又は場所に、必要に応じて殺菌、乾燥、燻煙、塩漬け、製品の中心部温度の測定、冷却等をするための設備を有すること。
16～24　（略）
25　令第35条第25号に規定するそうざい製造業及び同条第26号の複合型そうざ

い製造業
イ　原材料の保管及び前処理並びに製品の製造、包装及び保管をする室又は場所を有すること。なお、室を場所とする場合にあっては、作業区分に応じて区画されていること。
ロ　製品の製造をする室又は場所は、製造する品目に応じて、解凍、加熱、殺菌、放冷及び冷却に必要な設備を有すること。
ハ　原材料及び製品の保管をする室又は場所は、冷蔵又は冷凍設備を有すること。
26　令第35条第27号に規定する冷凍食品製造業及び同条第28号の複合型冷凍食品製造業
イ　原材料の保管及び前処理並びに製品の製造、冷凍、包装及び保管をするための室又は場所を有すること。なお、室を場所とする場合にあっては、作業区分に応じて区画されていること。
ロ　原材料の保管をする室又は場所に冷蔵又は冷凍設備を有すること。
ハ　製品の製造をする室又は場所は、製造する品目に応じて、加熱、殺菌、放冷及び冷却に必要な設備を有すること。
ニ　製品が摂氏マイナス15度以下となるよう管理することのできる機能を備える冷凍室及び保管室を有すること。
27～30　（略）

別表第21（規第66条の7関係）
1　令第35条第1号に規定する飲食店営業、同条第3号に規定する食肉販売業、同条第9号に規定する食肉処理業、同条第26号に規定する複合型そうざい製造業及び同条第28号に規定する複合型冷凍食品製造業のうち、生食用食肉の加工又は調理をする施設にあっては、次に掲げる要件を満たすこと。
イ　生食用食肉の加工又は調理をするための設備が他の設備と区分されていること。

ロ　器具及び手指の洗浄及び消毒をす
　るための専用の設備を有すること。
ハ　生食用食肉の加工又は調理をする
　ための専用の機械器具を備えること。
ニ　取り扱う生食用食肉が冷蔵保存を
　要する場合にあっては当該生食用食
　肉が摂氏4度以下と、冷凍保存を要
　する場合にあっては、当該生食用食
　肉が摂氏マイナス15度以下となるよ
　う管理することができる機能を備え
　る冷蔵又は冷凍設備を有すること。
ホ　生食用食肉を加工する施設にあっ
　ては、加工量に応じた加熱殺菌をす
　るための設備を有すること。
2　(略)

(2) 食品の調理・加工の基準

食品、添加物等の規格基準（昭和34年厚
生省告示第370号）―抄―

第1　食品
A　食品一般の成分規格
1　食品は、抗生物質又は化学的合成
　品（化学的手段により元素又は化合
　物に分解反応以外の化学的反応を起
　こさせて得られた物質をいう。以下
　同じ。）たる抗菌性物質及び放射性
　物質を含有してはならない。ただ
　し、抗生物質及び化学的合成品たる
　抗菌性物質について、次のいずれか
　に該当する場合にあっては、この限
　りでない。
　（1）　当該物質が、食品衛生法（昭
　　和22年法律第233号。以下「法」
　　という。）第12条の規定により人
　　の健康を損なうおそれのない場合
　　として厚生労働大臣が定める添加
　　物と同一である場合
　（2）　当該物質について、5、6、
　　7、8又は9において成分規格が
　　定められている場合
　（3）　当該食品が、5、6、7、8
　　又は9において定める成分規格に
　　適合する食品を原材料として製造
　　され、又は加工されたものである
　　場合（5、6、7、8又は9にお

いて成分規格が定められていない
抗生物質又は化学的合成品たる抗
菌性物質を含有する場合を除く。）
2　食品が組換えDNA技術（酵素等
　を用いた切断及び再結合の操作に
　よって、DNAをつなぎ合わせた組
　換えDNA分子を作製し、それを生
　細胞に移入し、かつ、増殖させる技
　術（最終的に宿主（組換えDNA技
　術において、DNAが移入される生
　細胞をいう。以下同じ。）に導入さ
　れたDNAが、当該宿主と分類学上
　同一の種に属する微生物のDNAの
　みであること又は組換え体（組換え
　DNAを含む宿主をいう。）が自然
　界に存在する微生物と同等の遺伝子
　構成であることが明らかであるもの
　を作製する技術を除く。）をいう。
　以下同じ。）によって得られた生物
　の全部若しくは一部であり、又は当
　該生物の全部若しくは一部を含む場
　合は、当該生物は、厚生労働大臣が
　定める安全性審査の手続を経た旨の
　公表がなされたものでなければなら
　ない。
3　食品が組換えDNA技術によって
　得られた微生物を利用して製造され
　た物であり、又は当該物を含む場合
　は、当該物は、厚生労働大臣が定め
　る安全性審査の手続を経た旨の公表
　がなされたものでなければならない。
4　削除
5　（1）の表に掲げる農薬等（農薬
　取締法（昭和23年法律第82号）第2
　条第1項に規定する農薬、飼料の安
　全性の確保及び品質の改善に関する
　法律（昭和28年法律第35号）第2条
　第3項の規定に基づく農林水産省令
　で定める用途に供することを目的と
　して飼料（同条第2項に規定する飼
　料をいう。）に添加、混和、浸潤そ
　の他の方法によって用いられる物又
　は医薬品、医療機器等の品質、有効
　性及び安全性の確保等に関する法律
　（昭和35年法律第145号）第2条第1
　項に規定する医薬品であって動物の

ために使用されることが目的とされているものをいう。以下同じ。）の成分である物質（その物質が化学的に変化して生成した物質を含む。以下同じ。）は、食品に含有されるものであってはならない。この場合において、（2）の表の食品の欄に掲げる食品については、同表の検体の欄に掲げる部位を検体として試験しなければならず、また、食品は（3）から（19）までに規定する試験法によって試験した場合に、その農薬等の成分である物質が検出されるものであってはならない。

（1）～（19）（略）

6～12（略）

B　食品一般の製造、加工及び調理基準

1　食品を製造し、又は加工する場合は、食品に放射線（原子力基本法（昭和30年法律第186号）第3条第5号に規定するものをいう。以下第1食品の部において同じ。）を照射してはならない。ただし、食品の製造工程又は加工工程において、その製造工程又は加工工程の管理のために照射する場合であって、食品の吸収線量が0.10グレイ以下のとき及びD各条の項において特別の定めをする場合は、この限りでない。

2　（略）

3　血液、血球又は血漿（獣畜のものに限る。以下同じ。）を使用して食品を製造、加工又は調理する場合は、その食品の製造、加工又は調理の工程中において、血液、血球若しくは血漿を63℃で30分間加熱するか、又はこれと同等以上の殺菌効果を有する方法で加熱殺菌しなければならない。

4　食品の製造、加工又は調理に使用する鶏の殻付き卵は、食用不適卵（腐敗している殻付き卵、カビの生えた殻付き卵、異物が混入している殻付き卵、血液が混入している殻付き卵、液漏れをしている殻付き卵、卵黄が潰れている殻付き卵（物理的な理由によるものを除く。）及びふ化させるために加温し、途中で加温を中止した殻付き卵をいう。以下同じ。）であってはならない。

鶏の卵を使用して、食品を製造、加工又は調理する場合は、その食品の製造、加工又は調理の工程中において、70℃で1分間以上加熱するか、又はこれと同等以上の殺菌効果を有する方法で加熱殺菌しなければならない。ただし、賞味期限を経過していない生食用の正常卵（食用不適卵、汚卵（ふん便、血液、卵内容物、羽毛等により汚染されている殻付き卵をいう。以下同じ。）、軟卵（卵殻膜が健全であり、かつ、卵殻が欠損し、又は希薄である殻付き卵をいう。以下同じ。）及び破卵（卵殻にひび割れが見える殻付き卵をいう。以下同じ。）以外の鶏の殻付き卵をいう。以下同じ。）を使用して、割卵後速やかに調理し、かつ、その食品が調理後速やかに摂取される場合及び殺菌した鶏の液卵（鶏の殻付き卵から卵殻を取り除いたものをいう。以下同じ。）を使用する場合にあっては、この限りでない。

5　魚介類を生食用に調理する場合は、食品製造用水（水道法（昭和32年法律第177号）第3条第2項に規定する水道事業の用に供する水道、同条第6項に規定する専用水道若しくは同条第7項に規定する簡易専用水道により供給される水（以下「水道水」という。）又は次の表の第1欄に掲げる事項につき同表の第2欄に掲げる規格に適合する水をいう。以下同じ。）で十分に洗浄し、製品を汚染するおそれのあるものを除去しなければならない。

第1欄	第2欄
一般細菌	1 ml の検水で形成される集落数が100以下であること（標準寒天培地法）。
大腸菌群	検出されないこと（乳糖ブイヨン―ブリリアントグリーン乳糖胆汁ブイヨン培地法）。
カドミウム	0.01mg ／ l 以下であること。
水銀	0.0005mg ／ l 以下であること。
鉛	0.1mg ／ l 以下であること。
ヒ素	0.05mg ／ l 以下であること。
六価クロム	0.05mg ／ l 以下であること。
シアン（シアンイオン及び塩化シアン）	0.01mg ／ l 以下であること。
硝酸性窒素及び亜硝酸性窒素	10mg ／ l 以下であること。
フッ素	0.8mg ／ l 以下であること。
有機リン	0.1mg ／ l 以下であること。
亜鉛	1.0mg ／ l 以下であること。
鉄	0.3mg ／ l 以下であること。
銅	1.0mg ／ l 以下であること。
マンガン	0.3mg ／ l 以下であること。
塩素イオン	200mg ／ l 以下であること。
カルシウム、マグネシウム等（硬度）	300mg ／ l 以下であること。
蒸発残留物	500mg ／ l 以下であること。
陰イオン界面活性剤	0.5mg ／ l 以下であること。
フェノール類	フェノールとして0.005mg ／ l 以下であること。
有機物等（過マンガン酸カリウム消費量）	10mg ／ l 以下であること。
pH 値	5.8以上8.6以下であること。
味	異常でないこと。
臭気	異常でないこと。
色度	5度以下であること。
濁度	2度以下であること。

6　組換え DNA 技術によって得られた微生物を利用して食品を製造する場合は、厚生労働大臣が定める基準に適合する旨の確認を得た方法で行わなければならない。

7　（略）

8　牛海綿状脳症（牛海綿状脳症対策特別措置法（平成14年法律第70号）第2条に規定する牛海綿状脳症をいう。）の発生国又は発生地域において飼養された牛（食品安全基本法（平成15年法律第48号）第11条第1項に規定する食品健康影響評価の結果を踏まえ、食肉の加工に係る安全性が確保されていると認められる国又は地域において飼養された、月齢が30月以下の牛（出生の年月日から起算して30月を経過した日までのものをいう。）を除く。以下「特定牛」という。）の肉を直接一般消費者に販売する場合は、脊柱（背根神経節を含み、頸椎横突起、胸椎横突起、腰椎横突起、頸椎棘突起、胸椎棘突起、腰椎棘突起、仙骨翼、正中仙骨稜及び尾椎を除く。以下同じ。）を除去しなければならない。この場合において、脊柱の除去は、背根神経節による牛の肉及び食用に供する内臓並びに当該除去を行う場所の周辺にある食肉の汚染を防止できる方法で行われなければならない。

食品を製造し、加工し、又は調理する場合は、特定牛の脊柱を原材料として使用してはならない。ただし、次のいずれかに該当するものを原材料として使用する場合は、この限りでない。

（1）　特定牛の脊柱に由来する油脂を、高温かつ高圧の条件の下で、加水分解、けん化又はエステル交換したもの

（2）　月齢が30月以下の特定牛の脊柱を、脱脂、酸による脱灰、酸若しくはアルカリ処理、ろ過及び138℃以上で4秒間以上の加熱殺菌を行ったもの又はこれらと同等

以上の感染性を低下させる処理を
して製造したもの

9　牛の肝臓又は豚の食肉は、飲食に
供する際に加熱を要するものとして
販売の用に供されなければならず、
牛の肝臓又は豚の食肉を直接一般消
費者に販売する場合は、その販売者
は、飲食に供する際に牛の肝臓又は
豚の食肉の中心部まで十分な加熱を
要する等の必要な情報を一般消費者
に提供しなければならない。ただ
し、第1　食品の部D　各条の項○
食肉製品に規定する製品（以下9に
おいて「食肉製品」という。）を販
売する場合については、この限りで
ない。

販売者は、直接一般消費者に販売
することを目的に、牛の肝臓又は豚
の食肉を使用して、食品を製造、加
工又は調理する場合は、その食品の
製造、加工又は調理の工程中におい
て、牛の肝臓又は豚の食肉の中心部
の温度を63℃で30分間以上加熱する
か、又はこれと同等以上の殺菌効果
を有する方法で加熱殺菌しなければ
ならない。ただし、一般消費者が飲
食に供する際に加熱することを前提
として当該食品を販売する場合（以
下9において「加熱を前提として販
売する場合」という。）又は食肉製
品を販売する場合については、この
限りでない。加熱を前提として販売
する場合は、その販売者は、一般消
費者が飲食に供する際に当該食品の
中心部まで十分な加熱を要する等の
必要な情報を一般消費者に提供しな
ければならない。

10　（略）

C　食品一般の保存基準（略）

D　各条
○　**食肉及び鯨肉**（生食用食肉及び生
食用冷凍鯨肉を除く。以下この項に
おいて同じ。）

1　食肉及び鯨肉の保存基準
（1）　食肉及び鯨肉は、10°以下で
保存しなければならない。ただ
し、細切りした食肉及び鯨肉を凍
結させたものであって容器包装に
入れられたものにあっては、これ
を－15°以下で保存しなければな
らない。
（2）　食肉及び鯨肉は、清潔で衛生
的な有蓋の容器に収めるか、又は
清潔で衛生的な合成樹脂フィル
ム、合成樹脂加工紙、硫酸紙、パ
ラフィン紙若しくは布で包装し
て、運搬しなければならない。

2　食肉及び鯨肉の調理基準
食肉又は鯨肉の調理は、衛生的な場
所で、清潔で衛生的な器具を用いて行
わなければならない。

○　**生食用食肉**（牛の食肉（内臓を除
く。以下この目において同じ。）で
あって、生食用として販売するもの
に限る。以下この目において同じ。）

1　生食用食肉の成分規格
（1）　生食用食肉は、腸内細菌科菌
群が陰性でなければならない。
（2）　（1）に係る記録は、1年間
保存しなければならない。

2　生食用食肉の加工基準
生食用食肉は、次の基準に適合する
方法で加工しなければならない。
（1）　加工は、他の設備と区分さ
れ、器具及び手指の洗浄及び消毒
に必要な専用の設備を備えた衛生
的な場所で行わなければならな
い。また、肉塊（食肉の単一の塊
をいう。以下この目において同
じ。）が接触する設備は専用のも
のを用い、一つの肉塊の加工ごと
に洗浄及び消毒を行わなければな
らない。
（2）　加工に使用する器具は、清潔
で衛生的かつ洗浄及び消毒の容易
な不浸透性の材質であって、専用
のものを用いなければならない。
また、その使用に当たっては、一
つの肉塊の加工ごとに（病原微生

物により汚染された場合は、その都度）、83°以上の温湯で洗浄及び消毒をしなければならない。

（3）　加工は、法第48条第6項第1号から第3号までのいずれかに該当する者、同項第4号に該当する者のうち食品衛生法施行令（昭和28年政令第229号）第35条第15号に規定する食肉製品製造業（法第48条第7項に規定する製造業に限る。）に従事する者又は都道府県知事若しくは地域保健法（昭和22年法律第101号）第5条第1項の規定に基づく政令で定める市及び特別区の長が生食用食肉を取り扱う者として適切と認める者が行わなければならない。ただし、その者の監督の下に行われる場合は、この限りでない。

（4）　加工は、肉塊が病原微生物により汚染されないよう衛生的に行わなければならない。また、加工は、加熱殺菌をする場合を除き、肉塊の表面の温度が10°を超えることのないようにして行わなければならない。

（5）　加工に当たっては、刃を用いてその原形を保ったまま筋及び繊維を短く切断する処理、調味料に浸潤させる処理、他の食肉の断片を結着させ成形する処理その他病原微生物による汚染が内部に拡大するおそれのある処理をしてはならない。

（6）　加工に使用する肉塊は、凍結させていないものであって、衛生的に枝肉から切り出されたものでなければならない。

（7）　（6）の処理を行った肉塊は、処理後速やかに、気密性のある清潔で衛生的な容器包装に入れ、密封し、肉塊の表面から深さ1cm以上の部分までを60°で2分間以上加熱する方法又はこれと同等以上の殺菌効果を有する方法で加熱殺菌を行った後、速やかに

4°以下に冷却しなければならない。

（8）　（7）の加熱殺菌に係る温度及び時間の記録は、1年間保存しなければならない。

3　生食用食肉の保存基準

（1）　生食用食肉は、4°以下で保存しなければならない。ただし、生食用食肉を凍結させたものにあっては、これを－15°以下で保存しなければならない。

（2）　生食用食肉は、清潔で衛生的な容器包装に入れ、保存しなければならない。

4　生食用食肉の調理基準

（1）　2の（1）から（5）までの基準は、生食用食肉の調理について準用する。

（2）　調理に使用する肉塊は、2の（6）及び（7）の処理を経たものでなければならない。

（3）　調理を行った生食用食肉は、速やかに提供しなければならない。

○　**食鳥卵**（略）

○　**血液、血球及び血漿**

1　血球及び血漿の加工基準

（1）　加工に使用する血液（以下「原料血液」という。）は、採血後直ちに4°以下に冷却し、かつ、冷却後4°以下に保持したものでなければならない。

（2）　原料血液は、鮮度が良好であって、性状が正常でなければならない。

（3）　加工に用いる器具は、適切な方法で洗浄殺菌したものでなければならない。

（4）　加工は、連続一貫して行わなければならない。

（5）　加工は、加熱殺菌する場合を除き、血球又は血漿の温度が10°を超えることのないようにして行わなければならない。

（6）　凍結を行う場合は、分離後速やかに血球又は血漿が－18°以下になるようにして行わなければな

らない。
2 血液、血球及び血漿の保存基準
（1） 血液、血球及び血漿は、4°
以下で保存しなければならない。
（2） 冷凍した血液、血球及び血漿
は、-18°以下で保存しなければ
ならない。
（3） 血液、血球及び血漿は、清潔
で衛生的な容器包装に収めて保存
しなければならない。
○ 食肉製品
1〜3 （略）…第6章参照

食肉の衛生管理

― 安全な食肉を提供するために ―

2023 年 3 月 30 日　初版発行

定価 2,530 円（税込）

発行人　塚　脇　一　政
発行所　公益社団法人日本食品衛生協会
　　　　〒 150-0001
　　　　東京都渋谷区神宮前 2-6-1
　　　　食品衛生センター
　　　　電　話　03-3403-2114（出版部普及課）
　　　　　　　　03-3403-2122（出版部制作課）
　　　　Ｆ Ａ Ｘ　03-3403-2384
　　　　E-mail　fukyuuka@jfha.or.jp
　　　　　　　　hensyuuka@jfha.or.jp
　　　　http://www.n-shokuei.jp/

印刷所　大日本法令印刷株式会社

食肉の衛生管理
— 安全な食肉を供給するために —

2023年3月30日　初版発行

定価 2,630円（税込）

発行人　佐藤　〇〇

発行所　公益社団法人日本食肉衛生協会
〒150-0001
東京都渋谷区神宮前〇-〇-〇
〇〇会館ビル

電　話　03-3403-2111（代表）
FAX　03-3403-2121（企画業務部）

〇〇印刷株式会社